FORSCHUNGSBERICHTE DES LANDES NORDRHEIN-WESTFALEN

Herausgegeben durch das Kultusministerium

Nr. 705

Dr.-Ing. Karl Ernst Mayer
Dr.-Ing. Helmut Knüppel
Ing. Arthur Stumpf

Dortmund-Hörder-Hüttenunion A. G., Dortmund

Prof. Dr. phil. Walter Koch

Max-Planck-Institut für Eisenforschung, Düsseldorf

Wege zur automatischen Überwachung des Thomasverfahrens

Als Manuskript gedruckt

WESTDEUTSCHER VERLAG / KÖLN UND OPLADEN

1959

ISBN 978-3-663-03904-4   ISBN 978-3-663-05093-3 (eBook)
DOI 10.1007/978-3-663-05093-3

Gliederung

Vorwort . . . . S. 5

1. Die Schmelzführung beim Thomasverfahren nach vorwiegend subjektiven Beobachtungen . . . . S. 6

2. Die Entwicklung von Verfahren zur meßtechnischen Gewinnung von Beobachtungswerten über den Blasverlauf. . . . . S. 9

3. Stand der betrieblichen Anwendung der meßtechnischen Bestimmung des Blasendes . . . . S. 12

4. Die Verbesserung der meßtechnischen Bestimmung des Blasendes   S. 20

   a) Die Ermittlung der Versuchsdaten. . . . . S. 20

   b) Die Abhängigkeit der Entphosphorung ab Spektrometermaximum von der Blasezeit . . . . S. 23

   c) Die Abhängigkeit der Entphosphorung ab Spektrometermaximum von der Temperatur. . . . . S. 26

   d) Die rechnerische Abschätzung der Wirkung weiterer meßtechnisch erfaßter Einflußgrößen auf den Phosphorgehalt der Schmelzen nach dem Spektrometermaximum. . . . . S. 31

   e) Die rechnerische Abschätzung des Phosphorgehaltes der Schmelzen im Zeitpunkt des Spektrometermaximums . . . . . S. 33

   f) Schlußfolgerungen aus den Ergebnissen der vorliegenden Untersuchungen. . . . . S. 40

5. Die Automatisierung der Verfahrenskontrolle. . . . . S. 42

6. Zusammenfassung. . . . . S. 50

   Literaturverzeichnis . . . . S. 52

Vorwort

Die Überwachung eines technischen Verfahrens umfaßt das Gewinnen, das Weiterleiten und das Auswerten von Beobachtungen über den Verfahrensablauf sowie dessen Steuerung und Regelung. Notwendig ist dabei die Kenntnis der Gesetzmäßigkeiten des Verfahrensablaufs und die Erfahrung, wie auf Grund von Beobachtungen Sollwerte für bestimmte Kenngrößen des Erzeugnisses eingehalten werden können. Schließlich führt das Sammeln, Ordnen und Auswerten der Beobachtungen zu dem weiteren Ziel einer Steigerung der Güte der Erzeugnisse und liefert Unterlagen für die Kostenüberwachung. Der Zweck der Überwachung ist also, den günstigsten Ablauf des Verfahrens zu finden und Störungen desselben rechtzeitig zu erkennen, zu vermeiden oder wenigstens zu verhindern.

Alle Aufgaben der Überwachung können von Menschen oder von apparativen Einrichtungen bewältigt werden. Bei der Durchführung von Überwachungsaufgaben durch den Menschen wird der Erfolg dieser Maßnahmen oft durch subjektive Fehler beeinträchtigt, die nicht allein in der Unzulänglichkeit der Sinneswahrnehmungen, z.B. bei der Schätzung der Temperaturen, sondern auch in falschen oder willkürlichen Auffassungen über das Beobachtete begründet sind. Wird der Mensch bei der Durchführung der Überwachungsaufgaben völlig ausgeschaltet, also die Überwachung automatisiert, so ist der Erfolg derartiger Maßnahmen dagegen nur noch von der Genauigkeit der Meß- und Auswerteverfahren sowie von der Betriebsbereitschaft der apparativen Einrichtungen abhängig und ist frei von subjektiven Fehlern. Die automatische Verfahrenskontrolle hat außerdem im Vergleich zu einer ganz oder zum Großteil von Menschen durchgeführten Überwachung den Vorteil, daß ein wesentlich schnelleres Ansprechen auf Abweichungen vom normalen Verfahrensablauf zu erzielen ist. Dies läßt sie besonders für die Anwendung bei der Thomasstahlerzeugung geeignet erscheinen, und zwar vor allem zur Steuerung und Regelung der metallurgischen Reaktionen im Konverter, die insgesamt in nur wenigen Minuten ablaufen, wobei für die Güte des Enderzeugnisses von dieser Zeit im Grunde nur ein Bruchteil entscheidend bedeutsam ist. Die ersten Schritte auf dem Wege zu einer automatischen Überwachung sollten sich daher auf diesen, und zwar den letzten Abschnitt des Blasvorganges beziehen.

Die vorliegenden Untersuchungen wurden, soweit sie vom Max-Planck-Institut für Eisenforschung durchgeführt wurden, vom Ministerium für Wirtschaft und Verkehr des Landes Nordrhein-Westfalen unterstützt, wofür auch an dieser Stelle herzlich gedankt sei.

1. Die Schmelzführung beim Thomasverfahren nach vorwiegend subjektiven Beobachtungen

Abbildung 1 stellt ein Schema der Schmelzführung dar, wie sie dem allgemeinen Stand der Verfahrenstechnik bei der Thomasstahlerzeugung entspricht. Der Blasemeister kennt die Roheisenmenge (Roheisenwaage), manchmal die Roheisenanalyse, bestimmt danach die notwendige Kalkmenge und die tragbaren Schrott- bzw. Erzzuschläge. Er beobachtet den Blasverlauf,

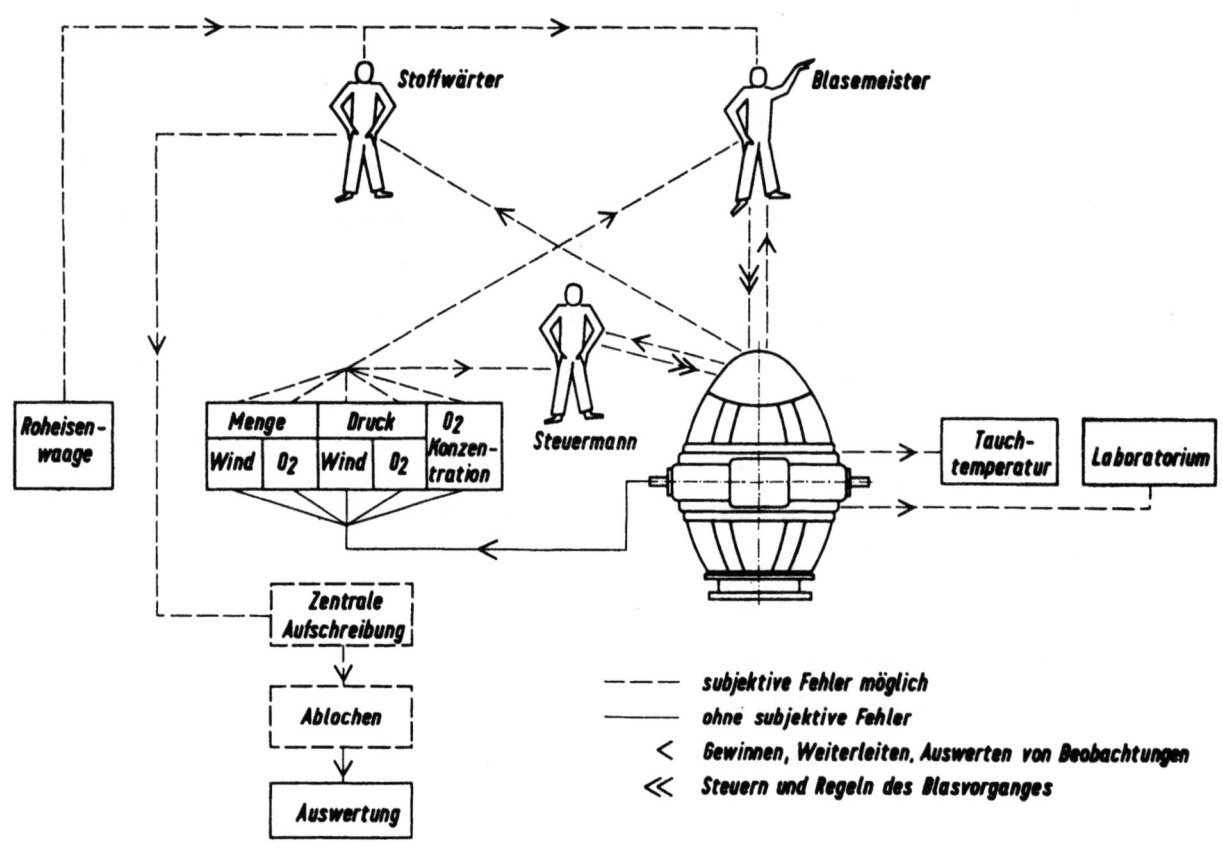

Abbildung 1

Schema der Schmelzführung bei der Thomasstahlerzeugung

den der Steuermann nach der "Windannahme" der Schmelze bzw. dem "Auswurf" steuert. Der Blasemeister gibt nach subjektiver Zusammenfassung seiner subjektiven Beobachtungen und Eindrücke an, wann z.B., und in welcher Menge, dem Blaswind Sauerstoff zugeführt werden soll. Alle Maßnahmen des Blasemeisters sowie alle verfügbaren Mengenwerte und der zeitliche Ablauf des Verfahrens werden vom Stoffwärter aufgeschrieben und zur zentralen Aufschreibung weitergeleitet.

Vor allem das Bestimmen des Blasendes, das für die Güte der erzeugten Stähle entscheidend ist, beruht praktisch auf der rein subjektiven Beobachtung und Beurteilung der Abgasflamme sowie einer ebenso subjektiven Beurteilung der aus der Schmelze entnommenen Vorproben und der Schlacke. Erst nachträglich wird durch objektive Methoden das Ergebnis der Schmelzführung, z.B. in bezug auf den erzielten Endphosphorgehalt und die erreichte Endtemperatur, überprüft. Maßnahmen zur Berichtigung des Ergebnisses sind dann auf Grund der dabei ermittelten Daten aus verfahrenstechnischen Gründen meist nicht mehr möglich.

Die Möglichkeit des Auftretens von subjektiven Fehlern ist bei fast allen Teilaufgaben dieser Art der Überwachung gegeben. Die wenigen messend erfaßten Größen, oft nur das Gewicht des Roheiseneinsatzes, manchmal auch der Zuschlagstoffe, vor allem die meist nur ungenauen Mengenmessungen des gasförmigen Frischmittels und die nicht immer mit Sicherheit gemessenen Blasezeiten, reichen trotz aller Erfahrung der Blasemeister nicht aus, eine gleichmäßige Schmelzführung zu wiederholen, geschweige denn, die jeweils günstigste Schmelzführung immer wieder zu treffen.

Wie schwierig tatsächlich die Aufgabe der Bestimmung des Blasendes im qualitativ und wirtschaftlich günstigsten Zeitpunkt zu lösen ist, beweist Abbildung 2, die die Konzentrationsänderungen der wichtigsten Begleitelemente des Eisens in der Schmelze und die Veränderungen der Schlackenzusammensetzung während der Entphosphorung zeigt. Die Daten sind der rund 100 Schmelzen umfassenden Hauptversuchsreihe der vorliegenden Untersuchung entnommen worden, bei der möglichst viele Eisen- und Schlackenproben aus dem blasenden Konverter gezogen wurden. Zu diesem Zweck wurde die bekannte Vorrichtung zur Entnahme von Löffelproben [1] aus dem blasenden Konverter so verbessert, daß der zeitliche Abstand der einzelnen Probenahmen teilweise weniger als 20 sec. betrug. Eine

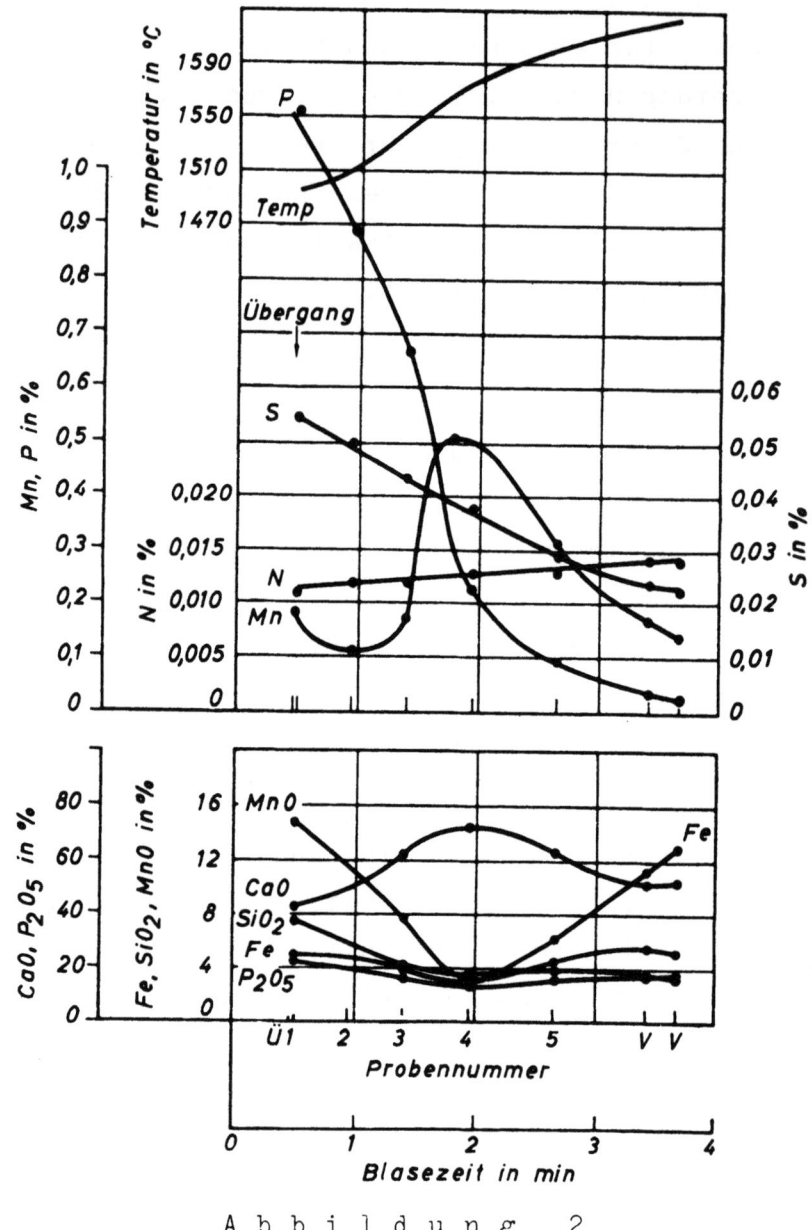

Abbildung 2

Blasverlauf einer Thomasschmelze während der Entphosphorung

Bestimmung der Änderung der Sauerstoffgehalte der Schmelzen war bei dieser Art der Probenahme leider nicht möglich. Nach der Abbildung finden während der Entphosphorung der Schmelze Konzentrationsänderungen der Begleitelemente des Eisens in der Schmelze um mehrere 100% statt.

Z.B. nimmt der Phosphorgehalt der Schmelze vom Beginn der Probenahme in 90 sec. von rund 1% auf 0,2% ab. Der Mangangehalt der Schmelze nimmt in dem dargestellten Blaseabschnitt in insgesamt 50 sec. von 0,1 auf 0,5% zu, um in den folgenden 2 Minuten wieder um fast den gleichen Betrag

allmählich zu fallen. Die Entschwefelung beträgt gleichzeitig 60% in
3 min. Ähnlich liegen die Verhältnisse bei der Schlacke. So steigt z.B.
der Eisengehalt der Schlacke während der letzten 100 sec. des Blasvorganges um mehr als 200% an. Diese sehr hohen Reaktionsgeschwindigkeiten
machen es unvermeidbar, daß bereits kleine Fehler beim Beobachten und
Beurteilen des Blasvorganges - und diese sind bei der beschriebenen
vorwiegend subjektiven Art der Schmelzführung nicht zu vermeiden - sich
in qualitativer und wirtschaftlicher Hinsicht nachteilig bei der Bestimmung des Blasendes auswirken.

In der unzulänglichen Überwachung des Blasvorganges im Konverter ist
deshalb nicht zuletzt der Grund dafür zu suchen, daß die qualitativen
Eigenschaften der Thomasstähle nicht immer in den erforderlichen Grenzen
gehalten werden konnten.

Obwohl die physikalisch-chemischen Gesetze des Reaktionsablaufes im
bodenblasenden Konverter durch eine Reihe grundlegender Arbeiten [2]
weitgehend geklärt werden konnten und durch die Entwicklung von Methoden
zur Beeinflussung des Blasvorganges, z.B. die Anwendung von festen oder
gasförmigen Kühl- bzw. Aufheizmitteln, die Regelung der Frischgeschwindigkeit usw. [3] die Voraussetzungen für eine Steuerung des Blasvorganges in gewünschten Grenzen grundsätzlich gegeben waren, fehlten Verfahren
zur meßtechnischen Gewinnung von Beobachtungswerten über den Reaktionsablauf im Konverter, die für ein genaues Steuern und Regeln des Blasablaufs und die Bestimmung des Blasendes erforderlich sind.

2. Die Entwicklung von Verfahren zur meßtechnischen Gewinnung von Beobachtungswerten über den Blasverlauf

Die Entwicklung von Meßverfahren zur Verbesserung der Schmelzführung
beim Thomasverfahren reicht bis in die ersten Jahre der Anwendung dieses
Verfahrens zurück. Sie ist gekennzeichnet durch das Bestreben, den unmittelbaren Einfluß des Menschen bei der Überwachung des Blasvorganges
auszuschalten und mit Hilfe der kontinuierlichen Messung einer möglichst
beschränkten Anzahl von Kenngrößen die für das Beurteilen, Beeinflussen
und die Endpunktbestimmung des Reaktionsablaufes erforderlichen Angaben
unmittelbar oder wenigstens mittelbar zu erhalten, ohne den Prozeß zu
unterbrechen.

Entsprechend den Beobachtungsmöglichkeiten durch den Menschen wurden Verfahren zur direkten sowie indirekten Messung der Strahlung [4 - 22] und Temperatur [10,11,12,25 - 28] der Abgasflamme entwickelt. Auch mit Hilfe der chemischen Analyse [8,22,23,24] der Abgase oder der Messung der Sauerstoffzufuhr im gasförmigen [21,35 - 42] und festen Frischmittel wurde der Versuch zu einer Verbesserung der Schmelzführung unternommen. Weiter ist es gelungen, Meßgeräte zur laufenden Bestimmung der Temperatur der Schmelzen während des Blasvorganges [11,12,17,29 - 34] zu bauen. Schließlich sollten auch durch die Messung der Frequenz und Lautstärke der beim Blasvorgang entstehenden Geräusche [43,44] Angaben für die Schmelzführung gewonnen werden.

Die untersuchten zahlreichen Meßverfahren wurden nur teilweise zur Betriebsreife entwickelt. Bei einer Beurteilung ihrer Brauchbarkeit zur Schmelzführung sind letzten Endes allein die Erfahrungen maßgebend, die beim Einsatz der Meßgeräte im praktischen Betrieb gesammelt wurden.

Bei der vorliegenden Untersuchung wurde das vom Max-Planck-Institut für Eisenforschung und der Dortmund-Hoerder Hüttenunion AG., Werk Dortmund, entwickelte Meßverfahren benutzt. Die Grundlagen und meßtechnischen Möglichkeiten dieses Überwachungsverfahrens sind in mehreren Veröffentlichungen [17,20,22,34] eingehend beschrieben worden. Es beruht auf der laufenden Messung der Änderung des Intensitätsverhältnisses der Strahlung der Konverterflamme in den linienarmen Spektralbereichen von 4100 bis 4170 Å und 7025 bis 7325 Å und der laufenden Messung der Badstrahlung im Konverter zur Bestimmung der Temperatur der Schmelze. Bei der Strahlungsmessung wird ein kennzeichnender Punkt des Verlaufs der Meßkurve, das sogenannte Spektrometermaximum (s.Abb. 3b), bestimmt. Von diesem Zeitpunkt an wird unter Berücksichtigung der Temperatur der Schmelze (s.Abb. 3a) die zur Einhaltung des jeweiligen Sollgehaltes an Phosphor in der Schmelze beim Blasende noch erforderliche Blasezeit mit Hilfe einer Auswertetabelle ermittelt.

Das Ziel der vorliegenden Untersuchungen ist das Studium der mit dem genannten Meßverfahren bei der Bestimmung des Blasendes unter betrieblichen Bedingungen erzielten Ergebnisse. Auf Grund der Versuchsdaten soll die erreichbare Genauigkeit der Bestimmung des Blasendes errechnet werden. Außerdem sollen die Möglichkeiten zur Automatisierung der Überwachung geprüft werden.

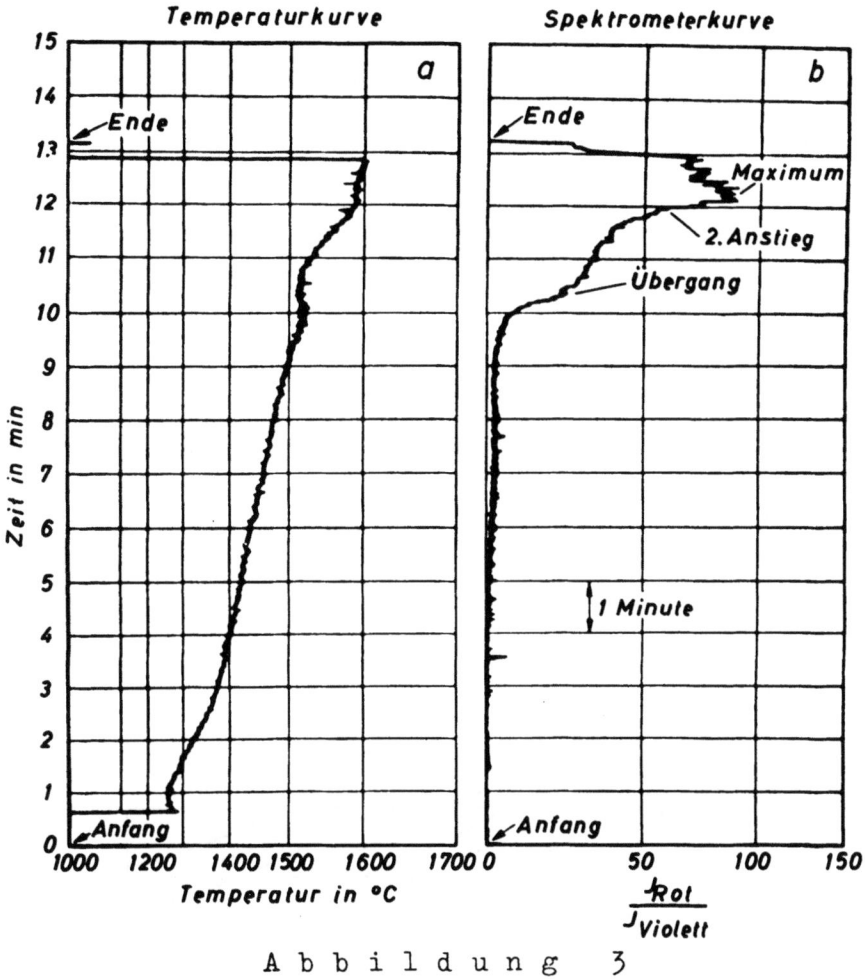

Abbildung 3

Wiedergabe von Original-Messkurven

Wegen der Vielzahl der zu berücksichtigenden Einflüsse und der Notwendigkeit, diese zahlenmäßig gegeneinander abzuschätzen, werden die für solche Fälle besonders geeigneten mathematisch-statistischen Verfahren [45] angewendet. Die erforderlichen Rechnungen wurden von der Abteilung "Mathematische Statistik" der Metallurgischen Abteilung der Dortmund-Hoerder Hüttenunion AG., Werk Dortmund, durchgeführt.

3. Stand der betrieblichen Anwendung der meßtechnischen Bestimmung des Blasendes

Die meßtechnische Bestimmung des Blasendes wurde im praktischen Betrieb zunächst nach Richtlinien durchgeführt, die auf der in Abbildung 4 dargestellten Auswertetabelle beruhen. Diese Tabelle zur Bestimmung der

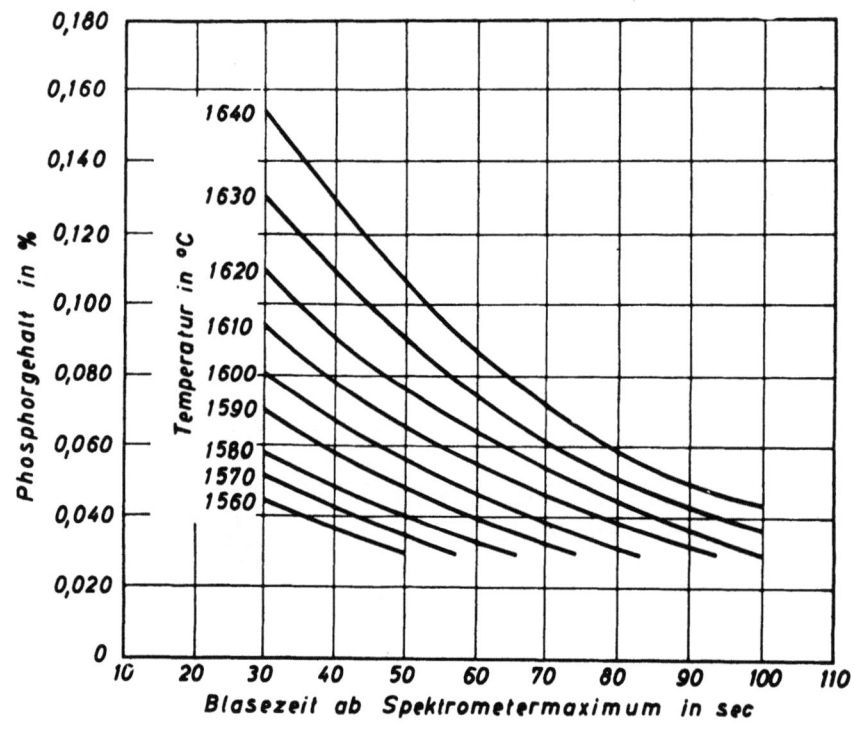

Abbildung 4

Auswertetabelle zur Endpunktbestimmung
Phosphorgehalte in Abhängigkeit von der Blasezeit ab Spektrometermaximum und Badtemperatur

Blasezeit ab Spektrometermaximum muß, wenn sie gute Ergebnisse liefern soll, den Zusammenhang zwischen den zugänglichen Informationen der Temperatur- und Spektrometerkurven und den metallurgischen Reaktionen im Konverter möglichst gut wiedergeben. Eine weitere Forderung an die Auswertetabelle ist die, daß sie, zumal bei ihrer Einführung in den Betrieb, möglichst einfach und übersichtlich sein soll.

Die erste im Dortmunder Thomasstahlwerk eingeführte Auswertetabelle berücksichtigte daher zur Erzielung eines bestimmten Phosphorgehaltes nur die Abhängigkeit der Blasezeit ab Spektrometermaximum von der Temperatur der Schmelze. Die zunächst nur qualitative Aussage, daß Schmelzen mit hoher Endtemperatur einen höheren Phosphorgehalt in der Vorprobe aufweisen, wurde dabei auf den ganzen Bereich ab Spektrometermaximum ausgedehnt, zumal Versuchsschmelzen einen Zusammenhang zwischen der Temperatur und dem Phosphorgehalt im Spektrometermaximum ergeben hatten [17].

Wenn also eine Schmelze z.B. 30 sec. nach dem Spektrometermaximum 1600°C erreicht hat, dann müsste sie einen höheren Phosphorgehalt haben als eine Schmelze, die nach 30 sec. z.B. 1580° C heiß ist, da in der Modellvorstellung ja $P_{max} = f(T_{max})$ ist und $T_v = f(T_{max}, t_{ab\ max})$ und daraus $P_v = f(T_v, t_{ab\ max})$ folgt.

Diese qualitativen Aussagen wurden damals bei der Einführung der meßtechnischen Überwachung für eine große Zahl von Schmelzen untersucht und ergaben den in Abbildung 4 dargestellten Zusammenhang zwischen Phosphorgehalt, Temperatur und Blasezeit ab Spektrometermaximum.

Andere, aus dem Verlauf der Spektrometer- bzw. Temperaturkurven zu entnehmende Größen, auf deren Zusammenhang mit dem Reaktionsgeschehen bei den früheren Untersuchungen hingewiesen worden war [17], wurden dabei zur Bestimmung des Blasendes noch nicht herangezogen, um einmal das Auswerteverfahren zunächst einfach zu gestalten und zum anderen, weil es außerdem nicht bekannt war, ob unter betrieblichen Bedingungen die festgestellten Abhängigkeiten mit gleicher Bestimmtheit nachweisbar sein würden.

Das Messen der Temperaturen der Schmelzen erfolgt mit den neuen Meßgeräten unmittelbar, so daß die Abweichungen von der geforderten Endtemperatur, bei richtiger Schmelzführung, im Bereich der Meßgenauigkeiten liegen. Dagegen können die geforderten Endphosphorgehalte nur mit statistischer Sicherheit durch das Auswerten der Spektrometer- und Temperaturkurven eingehalten werden, da sich in den Meßkurven zahlreiche Einflüsse mit unterschiedlicher Wirkung auf die Entphosphorung der Schmelzen widerspiegeln.

Mit der in Abbildung 4 dargestellten Tabelle zur Bestimmung der Blasezeit ab Spektrometermaximum wurden, so provisorisch sie auch sein mag, im Betrieb dennoch gute Ergebnisse erzielt.

Das wird in Abbildung 5 deutlich erkennbar, wo zum Vergleich die Schmelzen eines Monats, die mit meßtechnischer Bestimmung des Blasendes erblasen wurden, den Schmelzen ohne meßtechnische Überwachung gegenübergestellt worden sind.

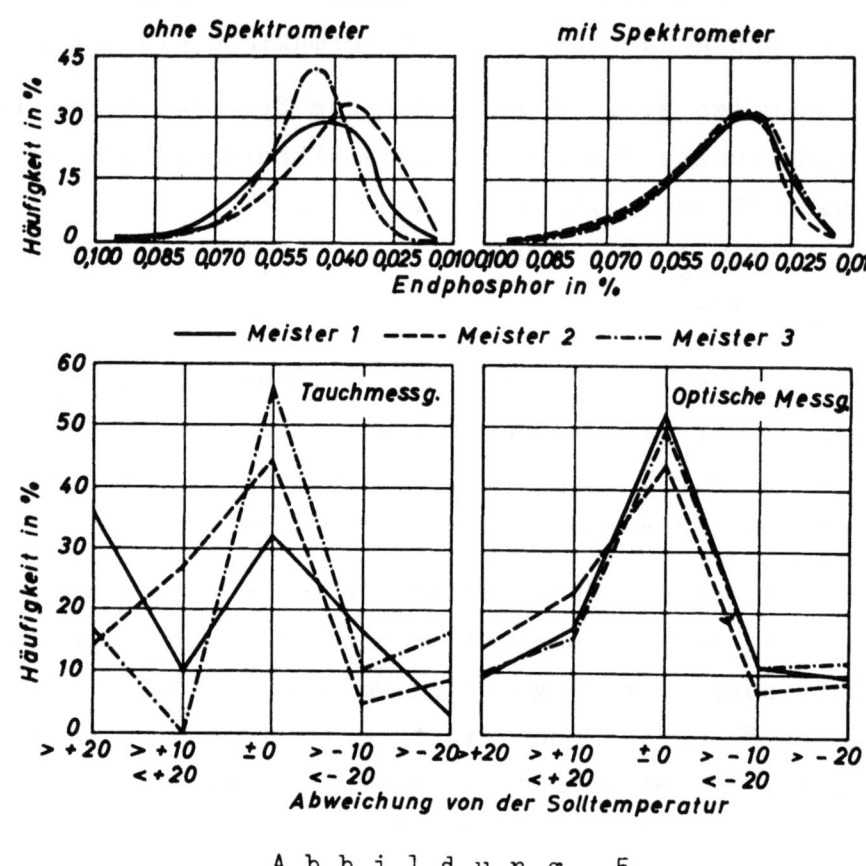

Abbildung 5

Die Streuung der Endphosphorgehalte und der Endtemperatur

In der oberen Darstellung sind für drei Meister die Verteilungen des Endphosphorgehaltes ohne und mit Spektrometer aufgezeichnet worden.

Infolge des vereinfachten Ansatzes für die bestehenden Gesetzmäßigkeiten der Entphosphorung in der ersten Auswertetabelle ist zwar die Streuung der erzielten Phosphorgehalte ungefähr gleich groß wie bei der subjektiven Bestimmung des Blasendes; bei der üblichen subjektiven Endpunktbestimmung muß aber der Blasvorgang zur Entnahme von Vorproben mindestens ein- bis zweimal unterbrochen werden, während bei der meßtechnischen Bestimmung des Blasendes die Schmelzen ohne Unterbrechung fertiggeblasen werden konnten.

Außerdem wirkt sich die meßtechnische Bestimmung des Blasendes auf die Gleichmäßigkeit der Güte der erzeugten Stähle günstig aus. So konnten z.B. die bisher zwischen den einzelnen Blasemeistern bestehenden Unterschiede in der Schmelzführung weitgegend beseitigt werden. Während bei der üblichen subjektiven Bestimmung des Blasendes und der nachträglich durch Eintauchen eines Thermoelementes durchgeführten Temperaturmessung die Verteilung der Endphosphorgehalte und Endtemperaturen der Schmelzen vom jeweiligen fachlichen Wissen und der betrieblichen Erfahrung der Blasemeister abhängt (Abb. 5 "ohne Spektrometer" und "Tauchmessung"), erzielten alle drei Blasemeister mit Hilfe der meßtechnischen Bestimmung des Blasendes eine gleichmäßige Verteilung der Endphosphorgehalte und Endtemperaturen der Schmelzen (Abb. 5 "mit Spektrometer" und "optische Messung").

Da die Tabelle zur Bestimmung der Blasezeit ab Spektrometermaximum nur die Temperatur als Einflußgröße auf den Phosphorgehalt bei konstanter Blasezeit ab Spektrometermaximum enthält, war auch eine große Streuung der Endphosphorgehalte zu erwarten. Diese Streuung der Endphosphorgehalte, die bei genauer Einhaltung der aus der Tabelle ermittelten Blasezeit erzielt wird, soll nun bezeichnet werden mit "Genauigkeit der alten Blasevorschrift". Diese Genauigkeit mußte zunächst einmal zahlenmäßig bekannt sein. Zu diesem Zweck wurde für mehr als 800 Schmelzen die Häufigkeitsverteilung der Endphosphorgehalte für Temperaturintervalle von $10°$ C aufgezeichnet. Die Maßzahlen dieser Verteilungen, Mittelwert und Grenzwerte G_5 und G_{95} zeigt Abbildung 6 in Abhängigkeit von der Endtemperatur. In dem Bereich von G_5 bis G_{95} liegen jeweils 90% aller Phosphorgehalte der Vorproben bei der jeweiligen Endtemperatur. So liegen z.B. bei 90% aller Schmelzen, mit Endtemperaturen zwischen $1595°$ - $1605°$ C, die Phosphorgehalte der letzten Vorproben zwischen 0,025% und 0,075%, bei einem mittleren Gehalt von 0,046% [P]. Alle diese Schmelzen sollten, entsprechend der alten Blasevorschrift, im Mittel 0,040% P in der letzten Vorprobe haben, und zwar über den ganzen Bereich der Endtemperaturen von $1580°$ bis $1630°$ C, da ja für jede Endtemperatur eine entsprechende Blasezeit aus der Tabelle abgelesen worden ist.

Die Auswertung der Betriebsdaten zeigt außer einer zahlenmäßigen Darstellung der Streuung noch einen Gang mit der Temperatur. Es würde aber nur eine ungenügende Verbesserung der alten Blasevorschrift bedeuten,

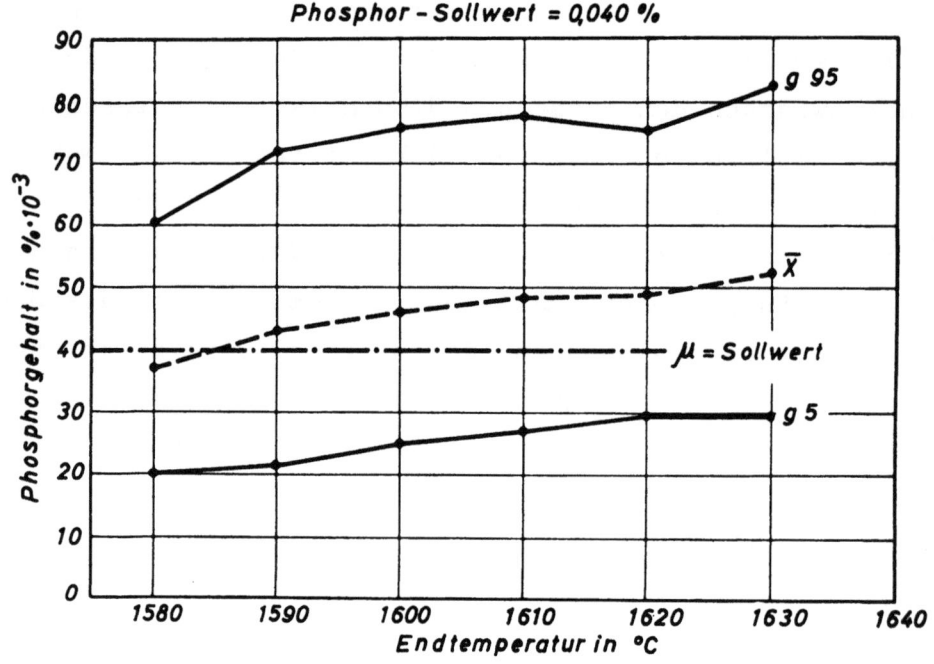

Abbildung 6

Streuung der Phosphorgehalte der Vorproben in Abhängigkeit von der Endtemperatur bei der Bestimmung des Blasendes nach der Auswertetabelle
(Abb. 4)

wenn dieser in Abbildung 6 festgestellte Temperatureinfluß dadurch korrigiert werden sollte, daß die in der Tabelle für höhere Temperaturen angegebenen Blasezeiten ab Spektrometermaximum verlängert werden. Es ist daher wünschenswert, insgesamt die Streuung der Endphosphorgehalte zu verringern, d.h. außer einer richtigen Beurteilung des Temperatureinflusses noch weitere wirksame Einflußgrößen auf den Phosphorgehalt in einer neuen, verbesserten Tabelle zur meßtechnischen Bestimmung des Blasendes zu berücksichtigen.

Diese Verbesserung könnte theoretisch so weit gehen, daß als Reststreuung nur noch der "Zufallsfehler" bei der analytischen Bestimmung des Phosphorgehaltes erhalten bleibt. Da dieser Zufallsstreuung als "Grenze der Genauigkeit" eine besondere Bedeutung zukommt, ist sie näher untersucht worden. Die Auswertung der Versuchsdaten ergab die in Tabelle 1 und Abbildung 7 dargestellten Ergebnisse. Die "Zufallsstreuung" hängt ab von dem analytischen Verfahren und von der Probenahme. Für das verwendete analytische Verfahren zeigt Abbildung 7 die Standardabweichung der Einzelbestimmungen vom Mittelwert der Probeeinheit in Abhängigkeit vom Phosphorgehalt.

Tabelle 1

Zusammenstellung der berechneten Standardabweichungen

Art der Streuung	Standardabweichungen in % P · 10⁻³		
	mittlere Gehalte % P		
	0,040	0,090	0,260
Einzelwert um Mittelwert 1	1,7	2,1	2,8
Einzelwert um Mittelwert 2	2,0	2,3	3,1
Einzelwert um Mittelwert 3	2,1	2,5	5,8

Mittelwert 1 = mittlerer Phosphorgehalt eines Probeviertels
Mittelwert 2 =   "   "   "   einer Probe
Mittelwert 3 =   "   "   "   einer Schmelze

Werden die Vorproben geviertelt und von jedem Viertel drei Bestimmungen auf Phosphor durchgeführt, so weichen diese Einzelbestimmungen vom Mittelwert des Probeviertels um die in Abbildung 7 gestrichelt eingezeichneten Beträge ab, z.B. bei P = 0,080% um $\pm$ 0,002% P.

Eine einzelne Bestimmung weicht vom Mittelwert der Vorprobe bei 0,080% um 0,0022 und vom Mittelwert der Schmelze um 0,0025% P ab. Bei niedrigen Phosphorgehalten sind die Abweichungen der Einzelbestimmungen vom Probevierteldurchschnitt, vom Probedurchschnitt und vom Schmelzendurchschnitt etwa gleich groß; erst bei höheren Phosphorgehalten werden die Abweichungen vom Schmelzendurchschnitt wesentlich größer, da hier, zumeist noch im Bereich der Verflüssigung der Schlacke (Spektrometermaximum), die Schmelze noch nicht homogen hinsichtlich der Temperatur und des Phosphorgehaltes ist.

Für unsere Untersuchungen über das Chargenende (0,040% P) könnte nach den in Abbildung 7 gezeigten Ergebnissen mit einer "Zufallsstreuung" von s = $\pm$ 0,002% P gerechnet werden. Abbildung 8 zeigt aber, daß die Abweichungen bei laufenden Betriebsanalysen etwas größer sind als bei den mit besonderer Sorgfalt (gleiche Titrierlösung, nur ein Laborant)

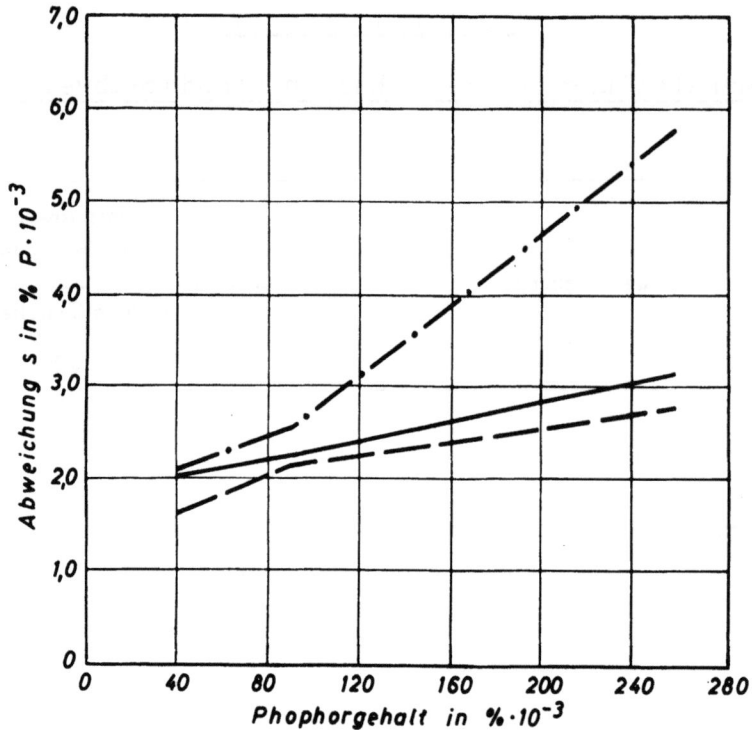

Abbildung 7

Standardabweichungen der Einzelwerte in Abhängigkeit von
der Höhe des Phosphorgehaltes

— — — Einzelwerte vom Mittelwert der Probeviertel
——— Einzelwerte vom Mittelwert der Proben
—·— Einzelwert vom Mittelwert der Schmelze

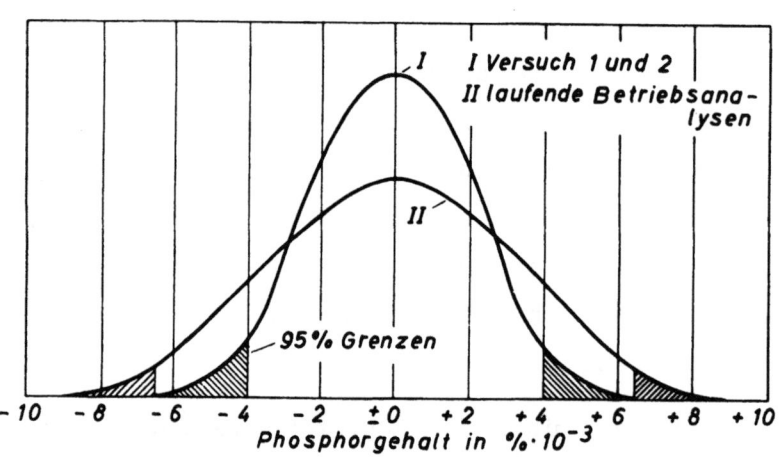

Abbildung 8

Abweichung der analytisch bestimmten Phosphorgehalte vom mittleren
Gehalt der Proben

durchgeführten Analysen der Versuchsschmelzen. Es soll darum, wenn im Laufe dieser Arbeit Vergleiche mit der Zufallsstreuung angestellt werden, als Zufallsstreuung s = ± 0,003% P angesetzt werden, d.h. in Abbildung 8 sind die 2σ-Grenzen (95%) bei ± 0,006% P.

In Abbildung 9 wird nun diese Zufallsstreuung verglichen mit der Streuung, die bei der Arbeitsweise nach der "alten Blasevorschrift" (Abb.4) erreicht wird. Während die letztere die 95%-Spanne zwischen 0,025% P bis 0,087% P aufweist, werden auf Grund der Zufallsstreuung, d.h. durch den mittleren Fehler bei der analytischen Bestimmung des Phosphorgehaltes, 95% aller Chargen, die 0,040% P im Mittel enthalten, Analysen ergeben, die zwischen 0,034% P und 0,046% P liegen.

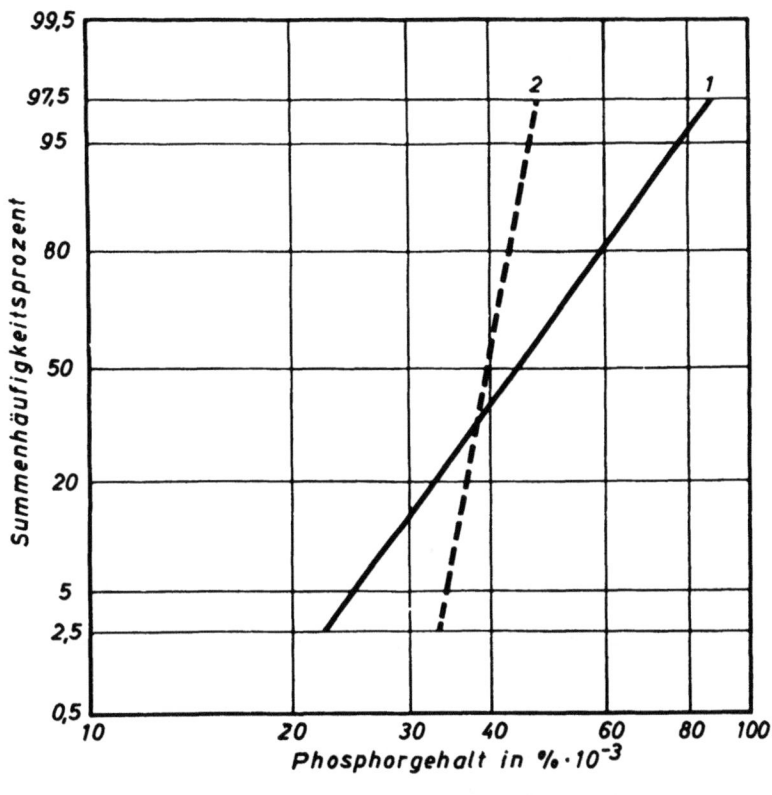

Abbildung 9

Vergleich der Streuung der Endphosphorgehalte bei der meßtechnischen Bestimmung des Blasendes mit der Zufallsstreuung

Die Größe des Unterschiedes zwischen beiden Streuungen läßt Versuche aussichtsreich erscheinen, durch die meßtechnische und rechnerische Erfassung weiterer auf die Entphosphorung wirksamer Einflußgrößen die meßtechnische Bestimmung des Blasendes zu verbessern.

4. Die Verbesserung der meßtechnischen Bestimmung des Blasendes

Zur Lösung dieser Aufgabe müssen alle meßbaren Einflußgrößen mit einem möglichst kleinen Fehler vor oder während des Blasvorganges bestimmt werden. Die Wirkung der wesentlichen, "rechtzeitig" meßbaren Einflußgrößen auf die Entphosphorung muß beim Bestimmen des Blasendes mathematisch hinreichend genau erfaßt werden.

a) Die Ermittlung der Versuchsdaten

Zunächst wurde in einer Vorversuchsreihe, die 25 im gleichen Konverter erblasene Schmelzen umfaßte, die Wirkung verschiedener Einflußgrößen auf den Verlauf der Entphosphorung geprüft, um Hinweise für die zweckmäßig zu verfolgende Arbeitsrichtung bei der Hauptversuchsreihe zu erhalten.

Um die Änderungen der chemischen Zusammensetzung der Schmelzen und der Schlacke während der Entphosphorung ausreichend genau darstellen zu können, mußten Löffelproben aus dem blasenden Konverter kurz vor und nach dem Spektrometermaximum, weiter in sehr kurzen Zeitabständen zwischen Maximum und Ende und unmittelbar vor dem Umlegen des blasenden Konverters, entnommen werden. Außerdem ließen die bei der Vorversuchsreihe festgestellten Streubereiche der verschiedenen Einflußgrößen auf die Entphosphorung erkennen, daß es zweckmäßig sein würde, die Dauer der Hauptversuchsreihe auf einen Zeitraum von mindestens 3 Monaten auszudehnen. Diese lange Versuchsdauer sollte gewährleisten, daß bei den Untersuchungen die maximalen Streubereiche der von Schmelze zu Schmelze veränderlichen Einflußgrößen erfaßt werden und außerdem gegebenenfalls bisher nicht bekannte langperiodisch veränderliche Einflußgrößen erkannt werden.

In der Hauptversuchsreihe wurden insgesamt 100 Schmelzen untersucht. Die Angaben über die chemische Zusammensetzung der Schlacken beziehen sich auf die im Zeitpunkt der Probenahme _flüssige Schlacke_. Feste Kalkstücke wurden vor der chemischen Untersuchung sorgfältig ausgeschieden. Der Verlauf der metallurgischen Reaktionen im Konverter in der Phosphorperiode wurde in der Art der Abbildungen 2, 10a und b, dargestellt. Für die in Abbildung 2 wiedergegebene Schmelze ist z.B. ein relativ hoher Phosphorgehalt von 0,230% im Zeitpunkt des Spektrometermaximums kennzeichnend. Gleichzeitig ist der Mangangehalt der Schmelze hoch und

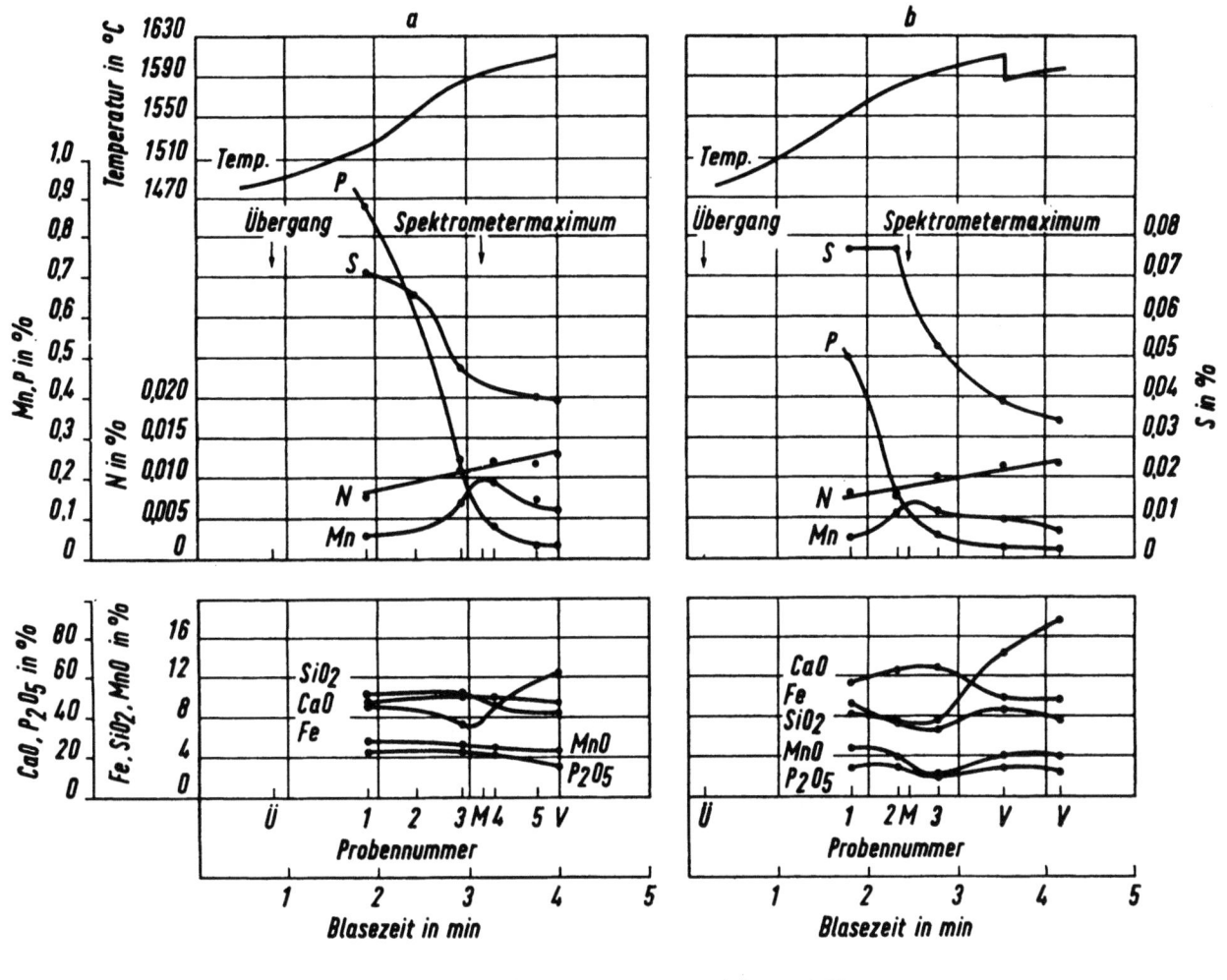

Abbildung 10a, 10b

Blasverlauf von Thomasschmelzen während der Entphosphorung

dementsprechend der Eisengehalt der Schlacke niedrig. Manganbuckel und Spektrometermaximum fallen zusammen. Der (CaO)-Gehalt liegt im Spektrometermaximum am höchsten, während der Eisengehalt der Schlacke ein Minimum durchläuft. Der Phosphorsäuregehalt der Schlacke ändert sich vom Spektrometermaximum praktisch bis zum Blasende nur wenig. Der Eisengehalt der Schlacke steigt dagegen proportional zur Blasezeit (Windmenge) bis zum Blasende an. Der Endphosphorgehalt betrug bei dieser Schmelze 0,025% bei einer Endtemperatur von 1620° C und 13% Eisen in der Schlacke. Bei den in Abbildung 10a und b wiedergegebenen Schmelzen beträgt der Phosphorgehalt beim Spektrometermaximum nur noch etwa 0,100%. Die Manganreduktion ist wesentlich schwächer als bei der in Abbildung 2 dargestellten Schmelze und der Fe-Gehalt der Schlacke im Zeitpunkt des Spektrometermaximums mit rund 8% bedeutend höher. Die Endphosphorgehalte der

Tabelle 2

Zusammenstellung der untersuchten Einflußgrößen und ihres Variationsbereiches

Lfd. Nr.	Einflußgröße	Variationsbereich	Dimension
1	Phosphorgehalt des Mischereisens	1,73 – 2,13	%
2	Siliziumgehalt des Mischereisens	0,21 – 0,44	%
3	Mangangehalt des Mischereisens	0,88 – 1,22	%
4	Kohlenstoffgehalt des Mischereisens	3,33 – 3,88	%
5	Schwefelgehalt des Mischereisens	0,037 – 0,074	%
6	Gewicht des Mischereisens-Einsatzes	26000 – 29700	kg
7	Kalkeinsatz je t Mischereisen	113 – 156	kg
8	Wind bis zum Maximum	7160 – 10180	Nm³
9	Zeit vom Übergang bis zum Spektrometer-Maximum	60 – 197	sec.
10	Temperatur bis zum Übergang	1464 – 1512	°C
11	Phosphorgehalt im Maximum	0,085 – 0,300	%
12	Mangangehalt im Maximum	0,16 – 0,55	%
13	Schwefelgehalt im Maximum	0,028 – 0,071	%
14	Stickstoffgehalt im Maximum	0,008 – 0,017	%
15	Fe-Gehalt der Schlacke im Spektrometer-Maximum	2,0 – 8,5	%
16	P_2O_5-Gehalt der Schlacke im Spektrometer-Maximum	10,0 – 23,0	%
17	SiO_2-Gehalt der Schlacke im Spektrometer-Maximum	3,0 – 11,0	%
18	CaO-Gehalt der Schlacke im Spektrometer-Maximum	49,0 – 77,0	%
19	MnO-Gehalt der Schlacke im Spektrometer-Maximum	3,0 – 7,5	%
20	Temperatur im Maximum	1553 – 1614	°C
21	Blasezeit ab Spektrometer-Maximum	10 – 102	sec.
22	Wind vom Maximum bis Ende	120 – 1260	Nm³
23	Wind Nm³/min am Chargenende	640 – 880	Nm³/min
24	Phosphorgehalt am Chargenende (Vorprobe)	0,025 – 0,135	%
25	Mangangehalt am Chargenende (Vorprobe)	0,08 – 0,44	%
26	Schwefelgehalt am Chargenende (Vorprobe)	0,020 – 0,034	%
27	Stickstoffgehalt am Chargenende (Vorprobe)	0,009 – 0,020	%
28	Fe-Gehalt in der Schlacke am Chargenende (Vorprobe)	7,10 – 15,98	%
29	P_2O_5-Gehalt in der Schlacke am Chargenende (Vorprobe)	15,11 – 23,35	%
30	SiO_2-Gehalt in der Schlacke am Chargenende (Vorprobe)	3,15 – 9,65	%
31	CaO-Gehalt in der Schlacke am Chargenende (Vorprobe)	48,9 – 69,0	%
32	MnO-Gehalt in der Schlacke am Chargenende (Vorprobe)	3,1 – 6,1	%
33	Temperatur am Chargenende	1592 – 1634	°C

beiden Schmelzen liegen bei rund 0,030% P bzw. 0,025% P und etwa den gleichen Endtemperaturen. Während bei der Schmelze (a) nur 12% Eisen in der Schlacke enthalten sind, enthält die Schlacke der Schmelze (b), trotz Kühlung, 17% Eisen.

Aus Tabelle 2 sind die während der Dauer der Hauptversuchsreihe beobachteten Einflußgrößen und deren Streuung ersichtlich.

b) <u>Die Abhängigkeit der Entphosphorung ab Spektrometermaximum von der Blasezeit</u>

In Abbildung 11 wurde für eine größere Anzahl von Versuchsschmelzen jeweils der Phosphorgehalt der Schmelze über der Blasezeit ab Spektrometermaximum aufgetragen.

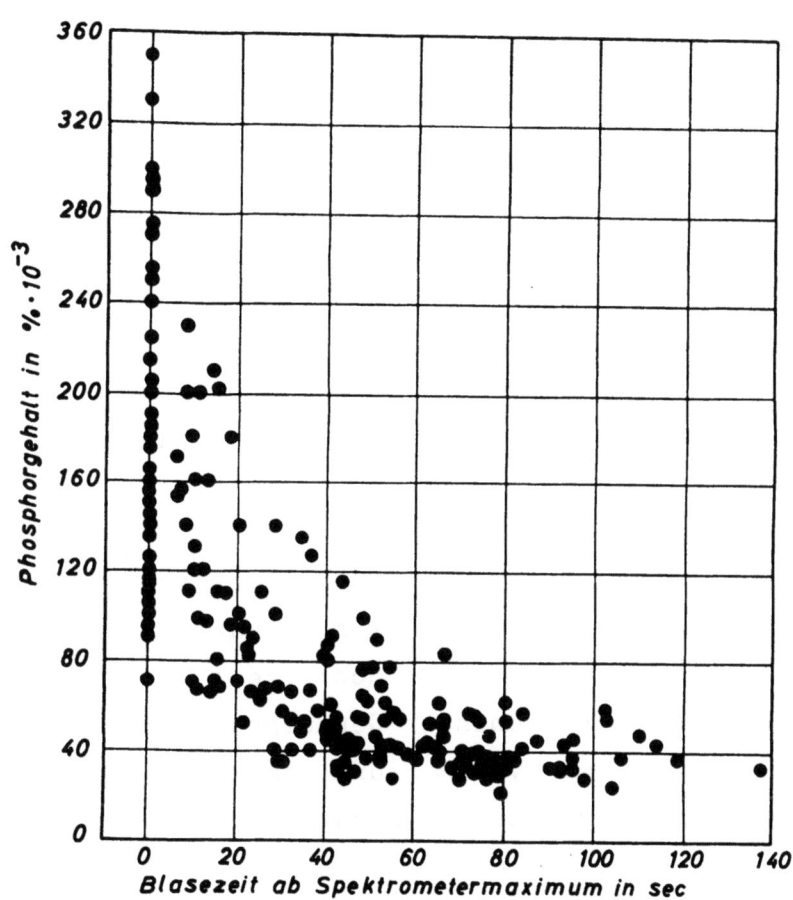

A b b i l d u n g 11

Abhängigkeit der Phosphorgehalte von der Blasezeit
ab Spektrometermaximum

Um den Verlauf der Entphosphorung ab Spektrometermaximum rechnerisch erfassen zu können, muß eine Gleichung aufgestellt werden, die den Zusammenhang zwischen der Änderung der Phosphorgehalte ab Spektrometermaximum von den verschiedenen Einflußgrößen auf die Entphosphorung beschreibt. Da die Änderung der Phosphorgehalte mit zunehmender Blasezeit geringer wird, muß eine Funktion gewählt werden, bei der die Änderung der Phosphorgehalte den Änderungen der Blasezeit proportional ist.

Wird zunächst die Änderung der Phosphorgehalte mit der Blasezeit nach Abbildung 11 untersucht, so ergeben sich in der Nähe des Spektrometermaximums für gleiche Zeitintervalle größere Änderungen der Phosphorgehalte als am Blasende. Diese Verhältnisse legen es nahe, an Stelle der Phosphorgehalte ihren Logarithmus über der Blasezeit ab Spektrometermaximum darzustellen.

Abbildung 12 zeigt für zwei Schmelzen den Verlauf der Entphosphorung über der Blasezeit ab Spektrometermaximum. Bei der Schmelze 1 kann der Verlauf der Entphosphorung mit einem Ansatz $\log P = \log P_{max} - b \cdot t$ linearisiert werden. Schmelze 2 zeigt bei diesem Ansatz am Blasende positive Abweichungen, d.h., die Entphosphorung erfolgt langsamer als bei Schmelze 1. Für die zweite Schmelze ist ein Ansatz besser geeignet, der allgemein lauten könnte: $\log (P-a) = \log (P_{max}-a) - b \cdot t$. Mit $a = 0,015\%$ P kann die Phosphorabbrandkurve der Schmelze 2 linearisiert werden. Dieser Ansatz ist für Schmelze 1 aber nicht geeignet, da bei dieser Schmelze die Entphosphorung zum Schluß schneller erfolgt als bei der Schmelze 2, so daß negative Abweichungen vom errechneten Verlauf beim Blasende festgestellt werden. Für alle Schmelzen der Versuchsreihe läßt sich aber der Verlauf der Entphosphorung ab Spektrometermaximum bis zu einem Gehalt von etwa 0,040% P durch den für Schmelze 1 gewählten Ansatz $\log P = \log P_{max} - b \cdot t$ mit hinreichender Genauigkeit linearisieren. Erst bei Phosphorgehalten von etwa 0,030% P und weniger treten größere Abweichungen von dem gewählten linearen Ansatz auf. Da die Bestimmung des Blasendes so erfolgen soll, daß mittlere Endgehalte von 0,040% P eingehalten werden, kann für die weitere rechnerische Abschätzung der Stärke des Einflusses der verschiedenen Meßgrößen auf die Entphosphorung, die Abbrandgeschwindigkeit des Phosphors ab Spektrometermaximum $\frac{d \log P}{dt}$ <u>innerhalb einer Schmelze</u> mit ausreichender Genauigkeit als konstant angenommen werden.

Seite 24

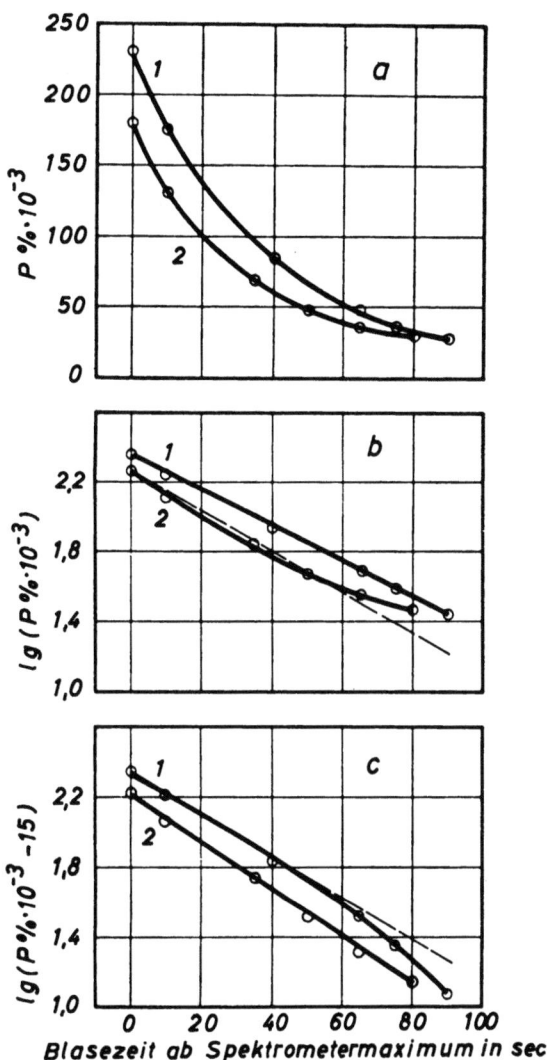

Abbildung 12

Linearisierung der Abbrandkurven für die Phosphorgehalte zweier Schmelzen über der Blasezeit ab Spektrometermaximum

Es soll nun untersucht werden, von welchen Einflußgrößen die Unterschiede der Abbrandgeschwindigkeit des Phosphors zwischen den verschiedenen Schmelzen abhängen.

Bei der bereits im Absatz III. beschriebenen Methode zur Bestimmung des Blasendes (s. Abb. 4) wurde neben der Blasezeit nur noch die Endtemperatur der Schmelze als Einflußgröße auf den Endphosphorgehalt berücksichtigt. Die Genauigkeit dieses Zusammenhanges wurde aus den Daten der Hauptversuchsreihe mit Hilfe der Gleichung

$$\log P = b_1 t_{ab\ max} + b_2 T_{Ende} + C \quad \text{zu } 59\%$$

berechnet. Der Einfluß der Endtemperatur auf den Endphosphorgehalt der Schmelzen ist bei konstanter Blasezeit ab Spektrometermaximum <u>bei diesem Ansatz</u> statistisch nicht gesichert.

c) <u>Die Abhängigkeit der Entphosphorung ab Spektrometermaximum von der Temperatur</u>

In verschiedenen grundlegenden Arbeiten über die Entphosphorung des Eisens [46, 47, 48] wurde ein Einfluß der Temperatur auf den im Gleichgewicht zur Schlackenzusammensetzung sich einstellenden Phosphorgehalt in der Eisenschmelze festgestellt, aber der Anstieg des Phosphorgehaltes mit steigender Temperatur ist nicht sehr stark. G. TRÖMEL und W. OELSEN [48] fanden z.B. bei Versuchen in Tiegeln aus Kalk und Tetrakalziumphosphat im Temperaturbereich von $1575°$ C bis $1650°$ C, der auch im praktischen Betrieb vorkommt, Phosphorgehalte in der Eisenschmelze von 0,010% P bei $1575°$ C bis 0,016% P bei $1650°$ C.

Unter betrieblichen Bedingungen, wie sie bei den vorliegenden Untersuchungen gegeben waren, dürften sich infolge der ständigen hohen Sauerstoffzufuhr und der deshalb sehr schnell ablaufenden Reaktionen Gleichgewichtszustände kaum einstellen können, so daß die Temperaturabhängigkeit der Entphosphorung im Gegensatz zur allgemeinen Ansicht noch weniger in Erscheinung treten sollte.

Eine statistisch gesicherte Wirkung des Temperatureinflusses auf den Endphosphorgehalt der Schmelzen wäre bei der angewendeten Art des Ansatzes $P = f(t, T)$ nur dann zu erwarten, wenn zu jedem Zeitpunkt des betrachteten Blasabschnittes, also auch im Zeitpunkt des Spektrometermaximums, für $t = 0$, $P = P_{max}$, ein eindeutiger Zusammenhang $P_{max} = f(T_{max})$ bestehen würde. Abbildung 13 zeigt für eine größere Anzahl zufällig ausgewählter Schmelzen der Versuchsreihe und Schmelzen aus früheren Untersuchungen den Zusammenhang zwischen Phosphorgehalt und Temperatur im Zeitpunkt des Spektrometermaximums. Unter betrieblichen Bedingungen wurden Temperaturen beim Spektrometermaximum zwischen $1540°$ und $1620°C$ gemessen. Die zugehörigen Phosphorgehalte liegen zwischen 0,070% und 0,350% P. Eine eindeutige Beziehung zwischen Temperatur und Phosphorgehalt, wie sie bei früheren Untersuchungen für Temperaturen der Schmelzen im Zeitpunkt des Spektrometermaximums von $1570°$ - $1690°$ C gefunden wurde [17], kann nicht festgestellt werden. Die Darstellung

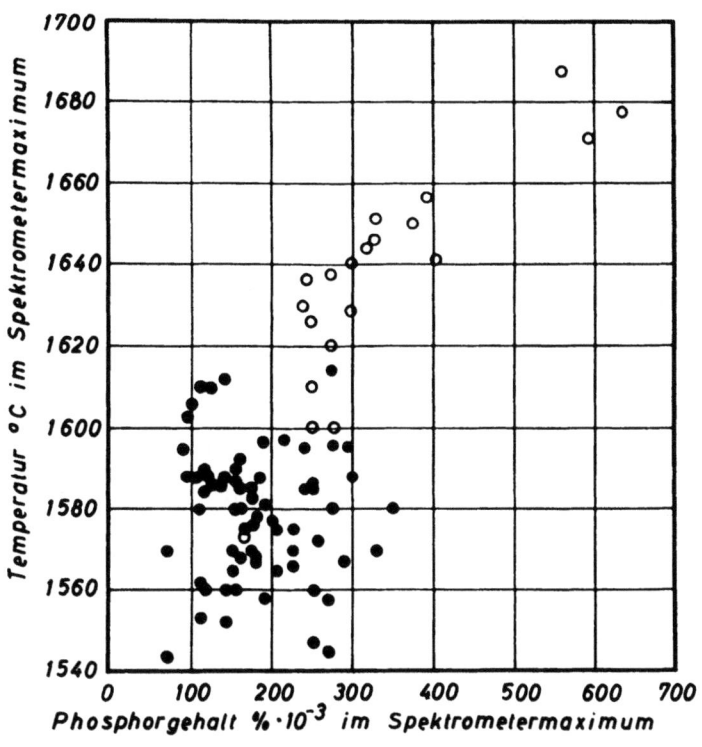

Abbildung 13

Zusammenhang zwischen Phosphorgehalt und Temperatur
beim Spektrometermaximum

● = Werte aus Großversuch
o = Vergleiche F.Wever, W.Koch, H.Höfermann,
B.A.Steinkopf, H.Knüppel, K.E.Mayer und
G.Wiethoff: Stahl u.Eisen 75/1955 S.549/59

zeigt deutlich, daß unter betrieblichen Bedingungen im Zeitpunkt des Spektrometermaximums sowohl für gleiche Temperatur der Schmelzen sehr unterschiedliche Phosphorgehalte als auch bei gleichen Phosphorgehalten sehr unterschiedliche Temperaturen festgestellt wurden.

Das bedeutet aber, daß der Phosphorgehalt im Spektrometermaximum bei der Bestimmung der Blasezeit für z.B. 0,040% P neben der Temperatur noch berücksichtigt werden muß. Durch eine Rechnung, die sowohl den Phosphorgehalt beim Spektrometermaximum als auch die Temperatur der Schmelze berücksichtigt, müßte der Einfluß der Temperatur auf die Blasezeit ab Spektrometermaximum nachweisbar sein, wenn die Zielgröße <u>mit der erforderlichen Genauigkeit</u> gemessen werden kann. Es kann hier nicht der z.B. in einer Vorprobe analytisch ermittelte Phosphorgehalt als Zielgröße verwendet werden, da die Zufallsstreuung von $2s = \pm 0,006$ % P bei dem geringen Streubereich der zugehörigen Badtemperaturen zu groß ist, um einen Einfluß der Temperatur noch mit statistischer Sicherheit nachweisen zu können. Um diesen Fehler auszuschalten, wurden aus den linearisierten Abbrandkurven, die die Ausgleichsgeraden für die Phosphorgehalte der Versuchsschmelzen ab Spektrometermaximum darstellen, die Blasezeiten ab Spektrometermaximum (t_{40}) für P = 0,040% abgelesen. Diese neue Zielgröße (t_{40}) wurde untersucht in Abhängigkeit vom Phosphorgehalt im Spektrometermaximum und von der Temperatur. Das Ergebnis der Rechnung enthält die Tabelle 3. Die ab Spektrometermaximum erforderliche Blasezeit, um 0,040% P in der Schmelze zu erzielen, ist abhängig vom Phosphorgehalt beim Spektrometermaximum (P_{max}) und von der Temperatur.

Tabelle 3

Ergebnisse der Einflußgrößenrechnung für t_{40} als Zielgröße

Lfd. Nr.	Ziel-größe		Einflußgrößen			B	sk
			P_{max}	T_{max}	T_{40}		
1	t_{40}	b [1]) t	0,331 11,12			76,5	11,3
2	t_{40}	b t	0,293 10,00		0,312 3,17	81,8	10,0
3	t_{40}	b t	0,330 11,94	0,285 2,63		80,2	10,4

[1]) Wenn der t-Test ergibt, daß $t \geq 2$ ist, so ist die Wirkung der betreffenden Einflußgrößen gesichert

Der Zusammenhang $t_{40} = f(P_{max}, T_{40})$ ergab ein Bestimmtheitsmaß von 81,8%. Wird an Stelle der Temperatur (T_{40}) bei 0,040% P die Temperatur im Spektrometermaximum (T_{max}) eingesetzt, so ändert sich das Bestimmtheitsmaß nur unwesentlich von 81,8% auf 80,2%. Das Bestimmtheitsmaß gibt den Grad der Übereinstimmung zwischen den Meßwerten der Zielgrößen, also im vorliegenden Fall der Blasezeit t_{40} und den Regressionsgleichungen an.

Die Daten der Tabelle 3 lassen aber auch den Schluß zu, daß P_{max}, im Vergleich zur Temperatur, die wirksamere Einflußgröße ist, da die Blasezeit t_{40} schon zu 76,5% allein von P_{max} abhängt (Gleichung 1). Die

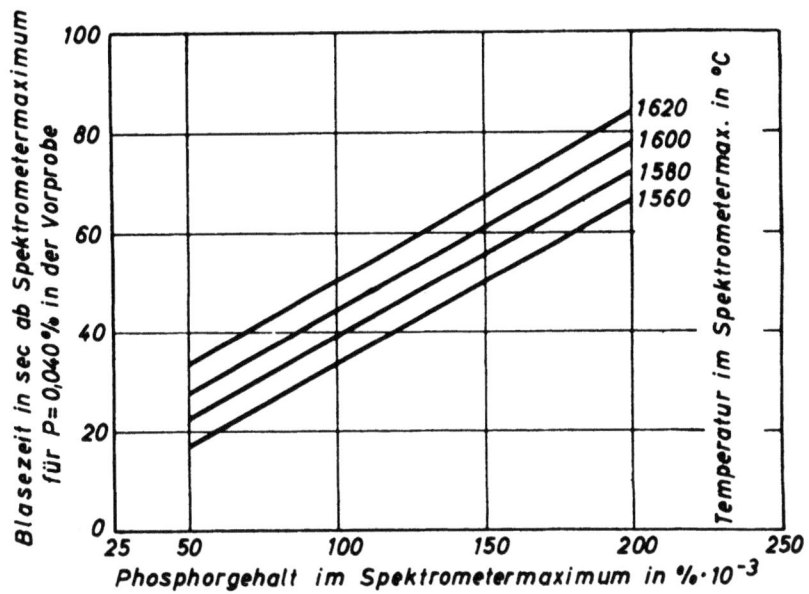

Abbildung 14

Darstellung der Gleichung 3 aus Tabelle 6

Gleichung 3 : $t_{40} = f(P_{max}, T_{max})$ wurde in Abbildung 14 dargestellt. Hier wird der wesentlich stärkere Einfluß von P_{max} besonders deutlich. Für Änderungen der T_{max} von 60° C (maximale Streuung unter betrieblichen Bedingungen) ändert sich bei konstantem P_{max} die Blasezeit t_{40} nur um 15 sec. Für die bei der Versuchsreihe unter betrieblichen Bedingungen festgestellte maximale Änderung des P_{max} von 0,215% P ändert sich für konstante T_{max} die Blasezeit t_{40} dagegen um 70 sec. Der Einfluß der Temperatur ist zwar gesichert, aber unter betrieblichen Bedingungen so gering, daß die dadurch bewirkte Streuung der Endphosphorgehalte nicht größer ist als die Zufallsstreuung.

Die Temperatur T_{40} ist von T_{max} abhängig. Der Zusammenhang wurde berechnet zu: $T_{40} = 0,049\ P_{max} + 0,852\ T_m + 0,215\ t_{40} + 91,471$. Dieser Ansatz ergab ein Bestimmtheitsmaß von 79,3% und einen mittleren Fehler von ± 8° C. Dabei wird T_{40} = in ° C - 1000 erhalten, wenn P_{max} in % P·10³, T_{max} in ° C - 1000 und t_{40} in Sekunden eingesetzt werden.

Durch diese Zusammenhänge wird klar, daß durch den Zustand P_{max} und T_{max} bei unbeeinflußtem Ablauf des Blasvorganges ab Spektrometermaximum z.B. der Zustand P_{40}, T_{40} der Schmelze weitgehend festgelegt ist. Da aber die Endtemperatur ebenso wie der Phosphorgehalt der Schmelze auf Sollwerte eingestellt werden müssen, ist es nicht möglich, ohne Maßnahme zur Kühlung bzw. Aufheizung der Schmelze ein qualitativ und wirtschaftlich günstiges Ergebnis zu erzielen, wenn P_{max} und T_{max} als Ausgangswerte nicht zu den Sollwerten passen.

Aus der Vorstellung $\log P = \log P_{max} - b \cdot t$ und $t_{40} = f(P_{max}, T_{40})$ sowie $T_{40} = f(T_{max}, t_{40}, P_{max})$ kann ein Modell für den Verlauf der Entphosphorung aus dem Zustand P_{max}, T_{max} in den Zustand P_{40}, T_{40} entworfen werden. In Abbildung 15 wurden diese Beziehungen dargestellt für P_{max} = 0,300%, T_{max} = 1560° und 1620° C sowie für P_{max} = 0,100% P, T_{max} = 1560° und 1620° C.

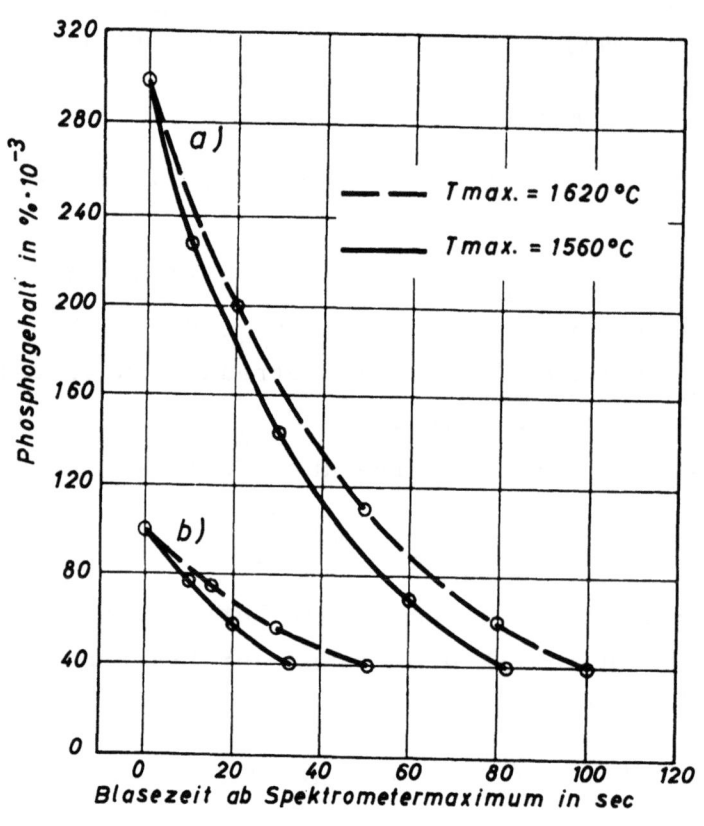

Abbildung 15

Die Abhängigkeit der Blasezeit ab Spektrometermaximum vom Phosphorgehalt und der Temperatur der Schmelze in diesem Zeitpunkt

Bei den eingezeichneten Daten von 4 Schmelzen wird:

a) T_{40} = 1600° C für T_{max} = 1560° C bei t_{40} = 80 sec.
   T_{40} = 1655° C für T_{max} = 1620° C bei t_{40} = 100 sec.

b) $T_{40} = 1580°$ C für $T_{max} = 1560°$ C bei $t_{40} = 35$ sec.

$T_{40} = 1635°$ C für $T_{max} = 1620°$ C bei $t_{40} = 50$ sec.

Die mathematisch-statistische Auswertung der Versuchsdaten hat ergeben, daß der Einfluß der Temperatur auf die Entphosphorung nach dem Spektrometermaximum nachgewiesen werden kann, daß aber der Einfluß des Phosphorgehaltes im Zeitpunkt des Spektrometermaximums auf die Höhe des Endphosphorgehaltes bei konstanter Blasezeit wesentlich größer ist.

d) <u>Die rechnerische Abschätzung der Wirkung weiterer meßtechnisch erfaßter Einflußgrößen auf den Phosphorgehalt der Schmelzen nach dem Spektrometermaximum</u>

Es soll deshalb nun die Abhängigkeit der Phosphorgehalte der Schmelzen nach dem Spektrometermaximum von dem als wichtig erkannten Phosphorgehalt der Schmelzen in diesem Zeitpunkt, zusammen mit anderen meßbaren Einflußgrößen, untersucht werden.

Tabelle 4 enthält eine Zusammenstellung der wesentlichen Ergebnisse dieser Auswertung, die mit Hilfe von Mehrfach-Korrelations-Rechnungen durchgeführt wurde. Bei diesem Verfahren müssen die Koeffizienten der

Tabelle 4

Ergebnisse der Einflußgrößenrechnung für log P als Zielgröße

Nr.	Untersuchte Einflußgrößen	nicht gesichert	Bestimmtheitsmaß %	Reststrg. log P s_k	T_{95} - Spanne für P = 0,040 % $g_{2,5}$	$g_{97,5}$
1	t, T (alte Blasevorschrift)	T	59,1	0,149	20,4	78,4
2	t, Pmax, T	T	78,4	0,109	24,4	65,5
3	t, Pmax, Tmax	Tmax	78,4	0,109	24,4	65,5
4	t, Pmax	–	78,6	0,108	24,6	65,2
5	t, Pmax, Mn max	–	80,2	0,104	25,0	64,0
6	t, Pmax, Mn max, to RE	–	81,4	0,101	25,4	63,1
7	t, Pmax, Mn max, to RE $\frac{Nm^3}{min}$	$\frac{Nm^3}{min}$	81,2	0,101	25,4	63,1
8	Wind, Pmax, Mn max, to RE	–	83,2	0,096	26,0	61,7
9	$\frac{Wind}{to_{RE}}$, Pmax, Mn max	–	81,0	0,103	25,1	63,7
10	$\frac{Wind}{to_{RE}}$, Pmax, Mn max, to RE	–	83,5	0,095	26,1	61,4
11	$\frac{t}{to_{RE}}$, Pmax, Mn max,	–	81,5	0,102	25,3	63,4
12	$\frac{t}{to_{RE}}$, Pmax, Mn max, to RE	–	82,1	0,101	25,4	63,1

Regressionsgleichungen so bestimmt werden, daß die Streuung der Meßwerte, also im vorliegenden Fall der Endphosphorgehalt der Schmelze, um die Regressionsfläche ein Minimum wird. Die Reststreuung, Spalte 4, gibt die mittlere Abweichung der errechneten Gehalte von den tatsächlich erreichten Phosphorgehalten an. Die T_{95}-Spanne, Spalte 5, gibt die Grenzwerte der Phosphorgehalte an, innerhalb deren 95% aller Phosphorgehalte liegen.

Das höchste Bestimmtheitsmaß wurde mit einem Ansatz nach Gleichung 10 erzielt. Diese Gleichung lautet unter Abrundung der Koeffizienten:

$$\log P \,(\% \cdot 10^3) = 0{,}0015\, P_{max}\,(\% \cdot 10^3) + 0{,}003\, Mn_{max}\,(\% \cdot 10^2)$$

$$+ 0{,}052\, RE\,(to) - 0{,}015\, \text{Wind ab max} \cdot \left(\frac{Nm^3}{to}\right) + 0{,}26.$$

Das Bestimmtheitsmaß beträgt 83,5%. In diese Gleichung wurde als Einflußgröße neben der vom Spektrometermaximum an einzublasenden Windmenge in Nm^3 je Tonne Roheisen auch noch das Roheisengewicht eingeführt. Obwohl hier das Roheisengewicht bereits im spezifischen Windangebot berücksichtigt wird, ergab die Rechnung trotzdem noch eine gesicherte Wirkung für das Roheisengewicht als additive Einflußgröße. Dies ist erklärlich, wenn daran gedacht wird, daß andere, mit dem Roheisengewicht zusammenhängende, hier nicht erfaßte Einflußgrößen, wie z.B. Blasquerschnitt, Badhöhe usw., wirksam sind.

Als gesichert in ihrer Wirkung wurden folgende Einflußgrößen erkannt: Der Phosphorgehalt beim Spektrometermaximum, die Windmenge ab Spektrometermaximum, der Mangangehalt im Spektrometermaximum und das Roheisengewicht. An Stelle der Windmenge kann die Blasezeit ab Spektrometermaximum in die Gleichung eingesetzt werden (s. Gleichung 6, Tab. 4); dies ist besonders dann von Vorteil, wenn die Windmengenmessung ungenau ist. Ein gesicherter Einfluß der Temperatur konnte für die Gleichungen der Tabelle 4 nicht festgestellt werden. Die Gründe für dieses Ergebnis sind bereits bei der Untersuchung des Temperatureinflusses (Abschn. 4c) eingehend behandelt worden.

Von den genannten Einflußgrößen sind der Phosphor- und Mangangehalt der Schmelzen beim Spektrometermaximum bei dem angewendeten Meßverfahren unmittelbar und rechtzeitig nicht meßbar, aber die Kenntnis dieser Gehalte ist für die Bestimmung des Blasendes - wie die Rechnung gezeigt hat - unbedingt erforderlich.

e) Die rechnerische Abschätzung des Phosphorgehaltes der Schmelzen im Zeitpunkt des Spektrometermaximums

Frühere Untersuchungen haben ergeben, daß zwischen der Höhe des sogenannten 2.Anstiegs der Spektrometerkurven und dem Phosphor- und Mangangehalt der Schmelzen beim Spektrometermaximum Abhängigkeiten bestehen [17]. Unter betrieblichen Bedingungen, wie sie bei den Versuchen vorlagen, wurden diese Abhängigkeiten nicht festgestellt. Die Ursachen für dieses Ergebnis sind die veränderlichen elektrischen Eigenschaften des Spektrometers, die ohne besonderen Aufwand nur für relativ kurze Versuchszeiten genügend konstant sind, während bei langen Versuchszeiten durch Änderung dieser Eigenschaften der Verlauf der Spektrometerkurven beeinflußt wird. Die Erkennbarkeit des Spektrometermaximums als relative Größe der Spektrometerkurven wird durch die beobachteten Langzeitschwankungen der Absolutwerte der Spektrometerkurven von etwa 20% dabei in keiner Weise beeinflußt. Grundsätzlich besteht durchaus die Möglichkeit, durch zusätzliche elektrische und elektronische Hilfsmittel die Eigenschaften der Spektrometermeßanlagen auch über längere Zeit konstant zu halten. Für die durchgeführten Versuche waren diese Voraussetzungen jedoch noch nicht gegeben, und es können deshalb die absoluten Merkmale der Spektrometerkurven bei der Auswertung nicht für eine Verbesserung der Bestimmung des Blasendes benutzt werden. Es muß deshalb untersucht werden, ob der Phosphorgehalt beim Spektrometermaximum aus anderen während des Blasvorganges zugänglichen Daten <u>mittelbar bestimmt</u> werden kann.

Die Ergebnisse einer derartigen Abschätzung des Phosphorgehaltes beim Spektrometermaximum aus anderen zugänglichen Größen durch lineare Regressionsgleichungen sind in Tabelle 5 zusammengestellt worden. Für verschiedene Linearkombinationen (Gleichung 1 bis 6) wurde jeweils die Einflußgröße nach gesicherter und nicht gesicherter Wirkung auf den Phosphorgehalt im Spektrometermaximum unterschieden. Zu jeder Gleichung wird das Bestimmtheitsmaß und die Reststreuung angegeben. Gleichung

$$4 : P_{max} = f \left(P_{RE}, \frac{\text{Wind bis Max}}{\text{Tonne Roheisen}}, T_{\text{Übergang}} \right)$$

ergab das beste Bestimmtheitsmaß. An Stelle der Übergangstemperatur kann die Zeit vom Übergang bis zum Spektrometermaximum eingeführt werden.

Tabelle 5

Ergebnisse der Einflußgrößenrechnung mit P_{max} als Zielgröße

Lfd. Nr.	Untersuchte Einflußgrößen		Bestimmt-heitsmaß %	Rest-streuung % · 10⁻³
	gesichert	nicht gesichert		
1	P_{RE}	Si_{RE}, Mn_{RE}, C_{RE} ($\frac{Mn}{Si}$) RE, to_{RE}, Wind bis Max.	19,8	54,2
2	P_{RE}, Wind bis Max.	C_{RE}, to_{RP}, Kalk, Tmax, TÜ, tÜ-max	26,8	51,8
3	P_{RE}, Wind bis Max.	TÜ, tÜ-max	31,4	50,2
4	P_{RE}, $\frac{\text{Wind bis Max.}}{to_{RE}}$, TÜ		32,4	49,6
5	P_{RE}, $\frac{\text{Wind bis Max.}}{to_{RE}}$		26,2	52,0
6	P_{RE}		5,0	59,0

Aus Gleichung 3 geht hervor, daß bei gleichzeitiger Einführung der Übergangstemperatur und der Zeit zwischen Übergang und Spektrometermaximum in die Rechnung beide Größen nicht gesichert sind. Sie teilen sich dann gewissermaßen den als Kriterium verwendeten t-Wert. Das bedeutet, daß die eine Größe von der anderen abhängig ist. Bei sonst konstanten Bedingungen gehört zu einer höheren Übergangstemperatur eine kürzere Zeit zwischen Übergang und Maximum. Diese Verhältnisse werden durch die Erfahrung und durch Auswertung der Spektrometerkurven bestätigt, wobei der zweite Anstieg der Spektrometerkurven kurz nach dem Übergang beginnt, wenn die Übergangstemperatur hoch ist. Bei dieser Form der Spektrometerkurve wird ein höherer Phosphorgehalt im Spektrometermaximum, verbunden mit einer starken Mangan- und Eisenreduktion, festgestellt. Die Voraussetzungen für eine Ausnutzung dieser Zusammenhänge zur Bestimmung des Phosphor- oder Mangangehaltes im Zeitpunkt des Spektrometermaximums sind, wie bereits gesagt, stabile elektrische Eigenschaften des Spektrometers.

Die Rechnungen nach Tabelle 5 ergaben für die Bestimmung des Phosphorgehaltes beim Spektrometermaximum eine gesicherte Wirkung des Phosphorgehaltes im Mischereisen, der bis zu diesem Zeitpunkt eingeblasenen Gesamtwindmenge bzw. der Windmenge je Tonne eingesetzten Roheisens, der

Übergangstemperatur bzw. der Blasezeit oder der Windmenge vom Übergang bis zum Spektrometermaximum. Der Einfluß der Temperatur im Spektrometermaximum ist aus den bereits erläuterten Gründen nicht gesichert.

Das Bestimmtheitsmaß der Gleichung 4 beträgt 32,4% und die Reststreuung $\pm$ 0,050% P des wahren Phosphorgehaltes beim Spektrometermaximum. Bei einem P_{max} = 0,200% entspricht die Reststreuung einer Differenz der Blasezeit vom Übergang bis zum Spektrometermaximum von $\pm$ 7 sec. Fehler in der Bestimmung der Blasezeit zwischen Übergang und Spektrometermaximum können sich deshalb bei der Bestimmung des P_{max} sehr stark auswirken. Ebenso spielt sicher der Verlauf der Entphosphorung bis zum Übergang eine Rolle. Er konnte nicht berücksichtigt werden, da bei der vorliegenden Untersuchung nur wenige Proben in der Kohlenstoffperiode gezogen wurden. Die Kennzeichnung des Kalksatzes nach Gewicht, Korngröße und chemischer Zusammensetzung war nur sehr ungenau möglich, so daß der sicher vorhandene Einfluß dieser Größe nicht in die Rechnung einbezogen werden konnte.

An Stelle des vorläufig noch nicht "rechtzeitig, unmittelbar" meßbaren P_{max} sollen nun die in den Gleichungen der Tabelle 5 erfaßten Einflußgrößen auf den Phosphorgehalt beim Spektrometermaximum in ihrer Wirkung auf den Endphosphorgehalt untersucht werden.

In Tabelle 6 sind die Ergebnisse der Auswertung zusammengestellt. Hier sind auch die bei der Abschätzung von P_{max} nicht gesicherten Einflußgrößen nochmals berücksichtigt worden, da einzelne Komponenten, wie z.B. der Siliziumgehalt des Roheisens, für die Entphosphorung von Einfluß sein könnten. In Gleichung 1 und 2 zeigt sich eine schwach gesicherte Wirkung des Siliziumgehaltes im Mischereisen. In den ersten drei Gleichungen ist die Roheisenzusammensetzung mit bis zu fünf Komponenten beteiligt. Silizium, Mangan, Kohlenstoff und Schwefel zeigen, jedes für sich betrachtet, keinen wesentlichen Einfluß auf den Phosphorgehalt im und nach dem Spektrometermaximum. Dies ist einmal darin begründet, daß zwar die Gesamt-Roheisen-Analyse auf den Reaktionsablauf von Einfluß ist, die einzelnen Komponenten bei den Versuchen unter betrieblichen Bedingungen aber nur in engen Grenzen veränderlich waren und daher bei den nicht zu vermeidenden Zufallsstreuungen der Zielgröße und der Einflußgrößen ihre Einzelwirkung rechnerisch nicht nachgewiesen werden kann.

T a

Ergebnisse der Einflußgrößenordnung für log P als Zielgrößen un

Nr.	Ziel-größe		P_{RE}	Si_{RE}	Mn_{RE}	C_{RE}	S_{RE}	$\frac{Kalk}{to_{RE}}$	Ge-wicht	Tü	T_{max}	Wind ma
1	log P	b t	4,960 2,62	−6,513 −2,26	1,083 0,70	−3,273 −1,99	−2,783 −1,49	2,685 1,45	6,715 2,87		0,585 0,58	−1,5 −4,3
2	log P	b t	5,154 2,76	−6,644 −2,31	0,745 0,49	−3,420 −2,08	−2,843 −1,53	2,247 1,31			0,701 0,70	
3	log P	b t	5,354 3,10	−4,460 −1,70		−2,034 −1,36						
4	log P	b t	6,185 3,82	−2,503 −1,14								
5	log P	b t	6,586 3,15									
6	log P	b t	6,660 4,25									
7	log P	b t	6,621 4,22									
8	log P	b t	6,612 4,20						4,327 2,47			−1,16 −4,29
9	log P	b t	6,873 4,29						5,408 3,11	1,345 1,16		−1,00 −3,38
10	log P	b t	6,315 4,13						5,468 3,14			−0,88 −3,16

e 6

rücksichtigung von im laufenden Betrieb erfaßbaren Einflußgrößen

nd b. x E	t0 bis max.	t ab max	Nm³/min	Wind ab max	Wind ab max / to_RE	B %	s_k	T_{95}-Spanne: % · 10⁻³ für P = 0,040 %	
								$g_{2,5}$	$g_{97,5}$
		− 7,190 −14,68	− 4,703 − 1,82			68,6	0,131	22,1	72,3
4,520 4,74		− 7,231 −14,79	− 5,210 − 2,06			68,7	0,130	22,2	72,0
3,946 4,85		− 7,064 −14,75	− 3,280 − 1,45			68,5	0,132	22,0	72,6
3,494 4,69		− 7,023 −14,63	− 3,189 − 1,40			68,3	0,132	22,0	72,6
3,342 4,57		− 7,015 −14,67	− 3,505 − 1,56			68,2	0,132	22,0	72,6
3,383 4,76				− 0,559 −14,82		68,8	0,131	22,1	72,3
3,253 4,56					− 1,543 −14,76	68,6	0,131	22,1	72,3
				− 0,557 −14,60		68,6	0,131	22,1	72,3
	−1,327 −2,04			− 0,568 −15,18		70,8	0,127	22,7	71,0
	−1,660 −2,84			− 0,572 −15,33		70,7	0,127	22,7	71,0

Wird bei der Rechnung nur der Phosphorgehalt des Roheisens als Einflußgröße berücksichtigt und die übrige Zusammensetzung des Roheisens vernachlässigt (vgl. Gleichung 1 und 5, Tab. 6), so tritt die Wirkung der Phosphorgehalte im Roheisen auf den Phosphorgehalt beim Spektrometermaximum und beim Blasende wesentlich deutlicher hervor. Der als Kriterium für die Wirksamkeit der Einflußgröße berechnete t-Wert steigt für den Phosphorgehalt im Roheisen von t = 2,62 in Gleichung 1 auf t = 4,18 in Gleichung 5. Zum anderen ist zu berücksichtigen, daß die bis zum Spektrometermaximum verbrauchte Windmenge ihrerseits von der Art und Menge der eingebrachten Roheisenbegleiter abhängig ist und somit umgekehrt unmittelbar ein Maß für diese darstellt. Es erweisen sich folgende Einflußgrößen als gesichert: Der Phosphorgehalt im Roheisen (+) (evtl. Gesamtanalyse), das Roheisengewicht (+), die Windmenge bis zum Maximum (-), die Windmenge ab Maximum (-), die Übergangstemperatur (+) oder die Zeit vom Übergang bis zum Maximum (-).

Die Vorzeichen + oder - bezeichnen die Wirkung der Einflußgrößen auf den Phosphorgehalt der Vorprobe. Es handelt sich hierbei um dieselben Einflußgrößen, die auf den Phosphorgehalt beim Spektrometermaximum eine Wirkung gezeigt haben. Sie behalten auch das gleiche Vorzeichen, da ein höherer Phosphorgehalt beim Spektrometermaximum bei konstanter Windmenge ab diesem Zeitpunkt höhere Endphosphorgehalte in der Schmelze ergibt (Tab. 4). Ein Vergleich der Bestimmtheitsmaße ist hier zur Beurteilung des Ansatzes zulässig, da die Zielgröße log P in beiden Fällen bei den Ansätzen mit P_{max} und ohne P_{max} den gleichen Datenvorrat umfaßt. Tabelle 4, Gleichung 8 : P = $f(P_{max}, Mn_{max}$, to RE, Wind ab max) ergibt ein Bestimmtheitsmaß von B = 83,2%. In Tabelle 6 dagegen beträgt das max. erreichte Bestimmtheitsmaß 70,8%. Wie in den Gleichungen der Tabelle 4 ist auch bei diesen Ansätzen ein statistisch gesicherter Einfluß der Temperatur nicht nachzuweisen. Nach den vorhergehenden Betrachtungen war das aber auch nicht zu erwarten.

Die im Verhältnis zum Temperatureinfluß wesentlich stärkere Wirkung des Phosphorgehaltes beim Spektrometermaximum auf den Endphosphorgehalt bei konstanter Nachblasezeit führt aber auch bei ungenauer Abschätzung von P_{max} zu einer wesentlichen Verbesserung der bisher im Betrieb angewendeten Methode zur Bestimmung des Blasendes nach Abbildung 4.

Bei Anwendung dieser in Abschnitt 3 besprochenen Methoden enthielten 20% aller Schmelzen beim Blasende Phosphorgehalte, die höher waren als 0,060% (s. Abb. 16). Mit Hilfe des verbesserten Auswerteverfahrens zur Endpunktbestimmung bei 0,040% P kann der Anteil der Schmelzen mit Phosphorgehalten über 0,060% von 20% auf 8% gesenkt werden. Die relative Verbesserung beträgt somit 60%.

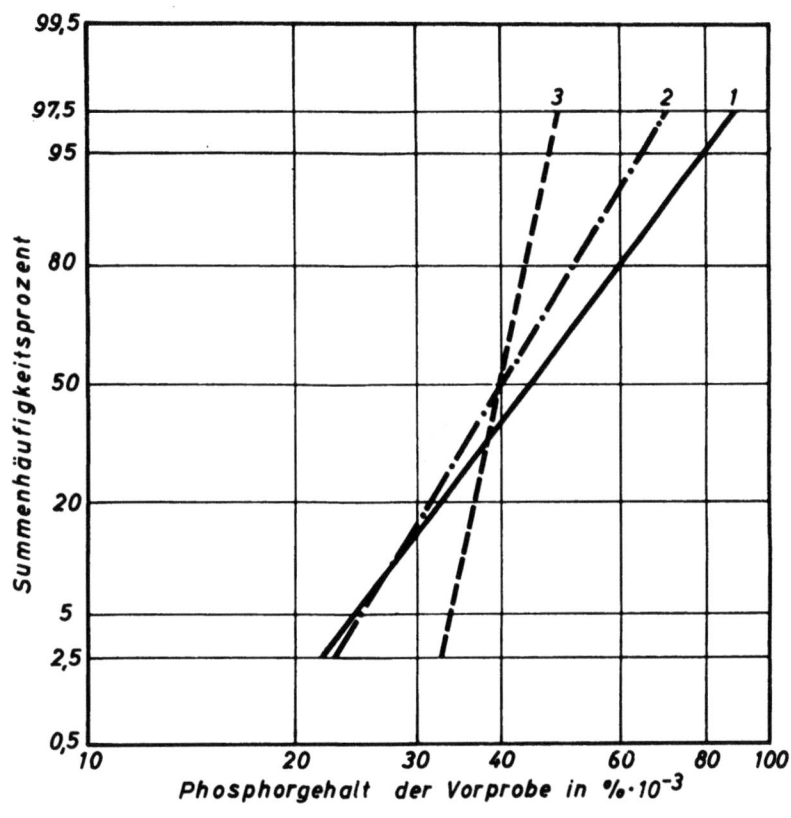

Abbildung 16

Vergleich der Streuung der Endphosphorgehalte bei der Anwendung verschiedener Methoden zur meßtechnischen Bestimmung des Blasendes mit der Zufallsstreuung

Eine weitere Verbesserung ergibt sich daraus, daß die Endtemperaturen der Schmelzen aus den gemessenen Temperaturen beim Spektrometermaximum vorher berechnet und notwendige Korrekturen noch rechtzeitig durchgeführt werden können. Die Endtemperatur kann berechnet werden nach der Gleichung: $T_{End} = 0,819 \cdot T_{max} + 0,333 \, t_{ab \, max} + 112$ (T in °C - 1000, T_{max} in °C - 1000, $t_{ab \, max}$ in sec). Das Bestimmtheitsmaß für die

Gleichung beträgt 78,7%. In Abbildung 17 sind die für mehrere hundert Schmelzen gefundenen Abweichungen von der Solltemperatur bei Tauchtemperaturmessung nach dem Ende des Blasvorganges verglichen worden mit der Abweichung der Solltemperaturen von den berechneten Endtemperaturen bei kontinuierlicher optischer Temperaturmessung der Schmelzen.

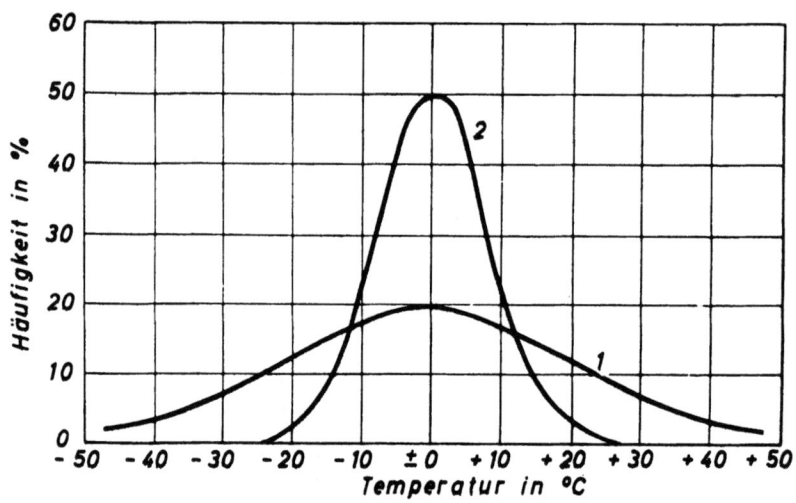

Abbildung 17

Abweichungen von den Solltemperaturen
1 Tauchmessung am Ende
2 Kontinuierliche optische Messung

f) Schlußfolgerungen aus den Ergebnissen der vorliegenden Untersuchungen

Die mathematisch-statistische Auswertung der Versuchsdaten hat nicht nur die Möglichkeit zu einer wesentlichen Verbesserung der Genauigkeit der meßtechnischen Bestimmung des Blasendes aufgezeigt, sondern hat auch zu einigen wichtigen Erkenntnissen geführt, die bei der Einführung dieser oder ähnlicher Meßverfahren in die Betriebspraxis unbedingt beachtet werden müssen.

So muß damit gerechnet werden, daß die Blasemeister sich unbewußt oder auch bewußt sträuben, objektive Meßverfahren zur Schmelzführung anzuwenden. Die Ursache dieses Widerstandes liegt in der verständlichen Befürchtung der Blasemeister, daß durch derartige Methoden ihre bisherige "Stellung im Betrieb" erheblich an Bedeutung verlieren wird. Diese

Bedenken müssen durch eine ausreichende Aufklärung und Schulung zuerst beseitigt werden, bevor die neue Arbeitsweise mit Aussicht auf Erfolg im Betrieb eingeführt werden kann.

Insbesondere aber haben die beschriebenen Untersuchungen eindeutig ergeben, daß die oft vertretene Ansicht, es genüge, zur meßtechnischen Schmelzführung beim Thomasverfahren ein oder das andere Meßverfahren anzuwenden, dahingehend berichtigt werden muß, daß nur durch die <u>rechtzeitige</u> Messung möglichst aller wesentlichen Kenngrößen die Voraussetzungen für eine genaue, objektive Beurteilung, Steuerung bzw. Regelung des Reaktionsablaufes beim Blasvorgang geschaffen werden können.

Dazu gehört die Kenntnis der Gewichte bzw. Mengen der an den Reaktionen beteiligten Stoffe und Reaktionsprodukte; weiter die Kenntnis der chemischen Zusammensetzung und der Temperatur der beteiligten Stoffe und Reaktionsprodukte, vor, während und nach Ablauf der Reaktionen; schließlich die Kenntnis der physikalisch-chemischen Gesetze, nach denen die Reaktionen ablaufen können, und die Kenntnis von verfahrenstechnischen Möglichkeiten zu ihrer Beeinflussung. Diese Forderungen können bei dem in wenigen Minuten ablaufenden Blasvorgang beim gegenwärtigen Stand der Verfahrenstechnik nur teilweise erfüllt werden.

Die physikalisch-chemischen Gesetze, nach denen das Thomasverfahren abläuft, sind, wie bereits einleitend gesagt, weitgehend geklärt worden. Auch Methoden zur Beeinflussung des Blasvorganges sind ausreichend bekannt.

Gewichts- bzw. Mengenmessungen der Roh- und Hilfsstoffe, zu denen auch das gasförmige Frischmittel gehört, sind mit hoher Genauigkeit durchführbar. Mechanische Waagen erreichen eine Genauigkeit bis zu $\pm$ 0,06%. Die Genauigkeit elektronischer Waagen, deren Einsatz in einem Thomasstahlwerk oft vorteilhafter sein wird als die Benutzung von mechanischen Waagen, ist zwar vorläufig mit $\pm$ 0,2% bis 0,5% kleiner als die der mechanischen Waagen aber für den Zweck der Verfahrenskontrolle ausreichend. Die Genauigkeit von Mengenmeßgeräten für Gase liegt bei etwa $\pm$ 3% vom Meßwert. Dabei muß aber eine unter Umständen erhebliche Fehlerquelle beachtet werden. Diese ist der Verlust durch Undichtigkeiten in den Leitungen von der Meßstelle bis zum Eintritt des gasförmigen Frischmittels in die Winddüsen. Die Bestimmung von Gewicht oder Menge der Reaktionsprodukte ist während des Blasvorganges im Konverter nicht möglich, sondern erst nach Beendigung desselben.

Die Temperatur des Roheisens sowie der Schmelze kann zu jedem Zeitpunkt des Verfahrensablaufs ausreichend genau gemessen werden.

Auch die chemische Zusammensetzung des Einsatzes und der Zuschlagstoffe sowie der Schmelze und Schlacke am Ende des Blasvorganges kann sehr genau bestimmt werden. Mit Hilfe der kontinuierlichen Messung der Strahlung der Abgasflamme und der Temperatur der Schmelze sind nun auch wesentlich genauere Rückschlüsse auf das Reaktionsgeschehen im Konverter möglich als bei der üblichen _subjektiven_ Beobachtung des Blasverlaufs. Dagegen haben Verfahren zur laufenden Abgasanalyse, die bei der _meßtechnischen_ Schmelzführung des Thomasverfahrens mit Vorteil eingesetzt werden könnten, sich - soweit bekannt - bisher unter betrieblichen Bedingungen nicht bewährt.

Obwohl also vorläufig nicht alle für den Blasverlauf im Konverter wesentlichen Einflüsse messend erfaßt werden können, erscheint der Versuch, die _objektive_ Schmelzführung des Thomasverfahrens zu verwirklichen auf Grund der vorliegenden Ergebnisse doch sehr aussichtsreich.

5. Die Automatisierung der Verfahrenskontrolle

Diese Aufgabe kann gelöst werden, wenn neben der kontinuierlichen meßtechnischen Beobachtung des Blasvorganges auch das Beurteilen und Auswerten der Meßgrößen sowie die Steuerung und Regelung des Verfahrens durch apparative Einrichtungen erfolgt, d.h. also, daß die Schmelzführung automatisiert wird [49].

Für die Zweckmäßigkeit einer derartigen Entwicklung sprechen auch die Schwierigkeiten, die dadurch auftreten, daß mit zunehmender Zahl der objektiven Beobachtungen die Blasemeister infolge der Schnelligkeit des Reaktionsablaufs im Konverter oft nicht mehr in der Lage sind, das Beurteilen, Auswerten und die von diesem Vorgang abgeleitete Steuerung des Verfahrens durchzuführen. Dies ist besonders dann der Fall, wenn mehrere Schmelzen gleichzeitig geblasen werden, wie es in den meisten Thomasstahlwerken üblich ist.

Die technischen Möglichkeiten zur Automatisierung der Verfahrenskontrolle sind vorhanden, wenn von gewissen Detailproblemen abgesehen wird, die vor allem die Anpassung der auf dem Markt befindlichen Geräte an die speziellen Anforderungen bei der Thomasstahlerzeugung betreffen.

Besonders geeignet für die Aufgabe der Steuerung und Regelung sind elektrische bzw. elektronische Einrichtungen und Verfahren, weil diese am besten nach dem Baukastenprinzip zu Geräten zusammengestellt werden können, mit denen eine Vielzahl von Aufgaben zu lösen sind, z.B. Meßwertübertragungen, Meßwertspeicherung und rechnerische Verknüpfung von Meßwerten nach bestimmten vorgegebenen Funktionen. Anlagen, die diese Möglichkeiten besitzen, sind nur auf elektrisch-elektronischer Grundlage genügend raumsparend zu bauen, was bei ihrem Einsatz im praktischen Betrieb oft entscheidend ist. Natürlich muß darauf geachtet werden, daß die Investitionskosten und der Aufwand für die Wartung, im Vergleich zum erzielten Erfolg, nicht zu hoch werden und die Betriebssicherheit der Geräte ausreichend ist.

Da bisher nur wenige Erfahrungen über den Einsatz elektronischer Steuer- und Regeleinrichtungen bei der Überwachung des Thomasverfahrens vorliegen, erscheint es zweckmäßig, die Automatisierung derselben nur schrittweise zu verwirklichen. Der erste Schritt, der bereits vollzogen wurde, umfaßt die Gewinnung der Beobachtungen. Der zweite Schritt, der nun folgerichtig unternommen werden kann, betrifft das Automatisieren der Beurteilung und Auswertung der Meßgrößen.

Bei einem derartigen Überwachungsverfahren wird zwar der Blasemeister nach wie vor die "Befehle" für den jeweiligen Steuereingriff in den Verfahrensablauf geben und der Steuermann dieselben durchführen, aber der Blasemeister braucht dazu nicht mehr, wie bisher, die zahlreichen Einzelbeobachtungen, die die verschiedenen Meßverfahren liefern, einzeln zu beurteilen und auszuwerten, sondern das Ergebnis der Schlußfolgerungen aus den verschiedenen Meßwerten wird ihm bereits in zusammengefaßter Form angezeigt. Das geschieht mit Hilfe eines Rechengerätes, in dem die Einzelbeobachtungen nach den statistisch ermittelten Funktionen miteinander verknüpft werden.

Zur Verwirklichung dieser kurz gekennzeichneten Überwachungsmethode wurde ein Leitstand für das Thomasstahlwerk entworfen. In diesem Leitstand (s. Abb. 18) werden sämtliche für die Verfahrenskontrolle benötigten Anzeigegeräte in Gerätetafeln vereinigt. Für jeden Konverter ist eine eigene Gerätetafel vorgesehen (s. Abb. 19). Diese Gerätetafeln enthalten Anzeigegeräte, die den Stoffluß wiedergeben, also z.B. Roheisengewicht, Gewicht der Zuschläge und Zusätze sowie Wind- und Sauerstoffmengenmesser.

Abbildung 18

Leitstand mit einem Teil der vorgesehenen Anzeigegeräte

Weitere Anzeigegeräte für die Beobachtung des Reaktionsablaufs im Konverter: Vorläufig sind dies die kontinuierliche Strahlungsmessung der Konverterflamme und die Temperaturmessung der Schmelze, dann ein als Endpunktrechner bezeichnetes Rechengerät, das der Bestimmung des Blasendes dient. Dazu gehören eine Reihe von Potentiometern, im Bild als "Eingabe Endpunktrechner" bezeichnet. Durch entsprechende Einstellung derselben wird der Einfluß der bei der Endpunktbestimmung als wesentlich erkannten Meßgrößen (s.Tab.6, Gl.9) in der Anzeige des Rechengerätes berücksichtigt.

Der Leitstand ist durch direkte Sprechverbindungen mit den Mischern, der Kalkbühne, den Steuerständen der Konverter, dem Gebläsehaus, dem Schlackenkeller und der Gießhalle verbunden. Außerdem sind im Leitstand auch alle Anzeigegeräte, die sonst noch im Betrieb gebraucht werden,

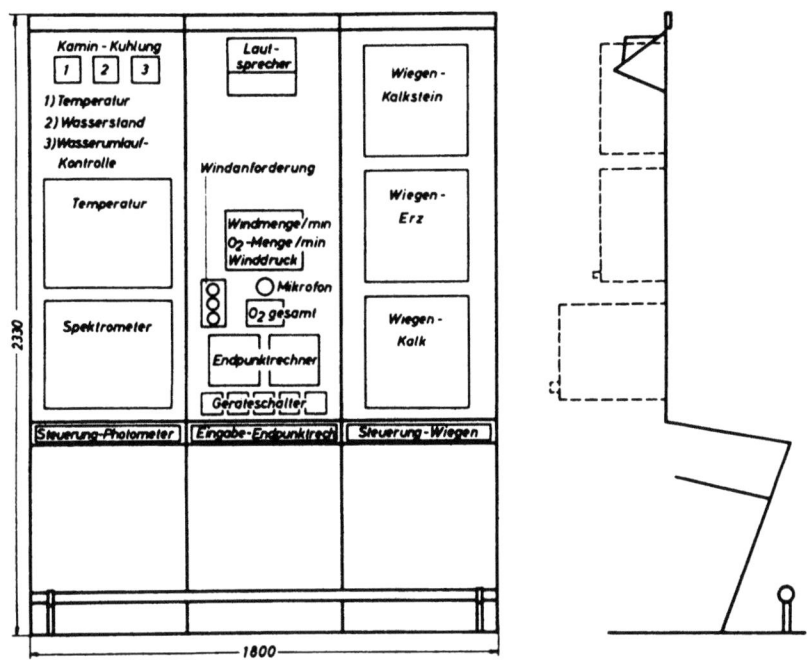

Abbildung 19

Gerätetafel für einen Konverter

vereinigt, z.B. Mengenmeß- und Temperaturregelgeräte für die Mischer- und Manganofenbeheizung, für die Wasserkühlung der Konverterkamine, für die Bodenbrennöfen, Kontrollgeräte für die Manganofenbeschickung, für den Bodenstampfer in der Dolomit-Anlage usw. Die Tauchtemperaturmessung wird als Kontrollverfahren für die optische Temperaturmessung beibehalten.

Durch den Einsatz des Leitstandes werden die Blasemeister bei der Schmelzführung wesentlich entlastet. Alle die Steuerung und Beendigung des Blasvorganges betreffenden Anweisungen werden von den "Meßwärtern" im Leitstand, die dem Blasemeister unterstehen, über die Sprechverbindungen an die Steuerleute gegeben. Diese wirken also bei der Überwachung des Blasvorganges (s.Einleitung) nicht mehr mit. Außerdem werden die Probeträger, Probeschmiede, Wieger und Stoffwärter eingespart. Während z.B. für die allgemein übliche Art der Schmelzführung im Konverterbetrieb des Thomasstahlwerkes, in dem die vorliegenden Untersuchungen durchgeführt wurden, 44 Mann benötigt werden, sind für diese Aufgabe nach Inbetriebnahme des Leitstandes nur noch 16 Mann erforderlich. Dies bedeutet eine tatsächliche Einsparung von 19 Mann, da die Steuerleute zwar für die Überwachung des Blasvorganges nicht mehr erforderlich sind, aber nach wie vor die Bewegung der Konverter steuern müssen.

Das halbautomatische Überwachungsverfahren wird mehrere Monate im praktischen Betrieb erprobt werden, um die Blasemeister und Meßwärter mit der neuen Arbeitsweise vertraut zu machen, die Betriebssicherheit des Leitstandes festzustellen und die qualitativen und wirtschaftlichen Auswirkungen zu studieren. Dann erst wird der dritte und letzte Schritt zur vollautomatischen Überwachung erfolgen.

Dieser Schritt betrifft das automatische Speichern und Registrieren aller für das Überwachen der Qualität und des Stoffflusses wichtigen Meßgrößen sowie der Daten, die den Betriebsablauf kennzeichnen, z.B. Blasezeiten, Liegezeiten usw. Außerdem werden automatische Steuer- und Regeleinrichtungen im Leitstand eingebaut. Die Erzeugung verschiedener Stahlsorten wird durch entsprechende "Programmierung" der automatischen Rechengeräte ermöglicht, d.h., daß jeweils die Funktionen festgelegt werden, nach denen die Meßwerte in den Rechengeräten verknüpft werden sollen. Zu diesem Zweck müssen alle als Analogwerte anfallenden Meßwerte, z.B. Spektrometeranzeige, Temperaturanzeige usw., in Ziffernwerte umgewandelt werden. Dies ist durch bereits bewährte Einrichtungen möglich, mit denen z.B. der Ausschlag eines Kompensationsschreibers unmittelbar in einen Ziffernwert elektrisch umgewandelt werden kann. Alle Angaben, die nicht durch Meßgeräte, Waagen oder sonstige "Geber", z.B. Fernschreiber für die Analysenwerte, in den Leitstand übertragen werden, müssen, wie z.B. die Schmelznummer, mit Hilfe von Tasten in die Datenspeicher eingetastet werden.

Abbildung 20 zeigt ein Schema des automatischen Überwachungsverfahrens. Die verschiedenen zum Leitstand übertragenen "Informationen" über den Verfahrensablauf werden in Relaisspeichern gesammelt und gleichzeitig in Ziffern angezeigt. Für jeden Konverter ist ein eigener Speicher vorgesehen. Dieser wird aus einer größeren Anzahl einzelner Relais mit Ja-Nein-Stellungen gebildet, in denen die zu speichernden Ziffernwerte der vorläufig 40 "Informationen" durch Kontaktstellungen der Relais festgehalten und damit gespeichert werden. Parallel dazu werden Lampen angeordnet, die von außen am Speicher erkennen lassen, welche Zahlenwerte die jeweils gespeicherten "Informationen" besitzen.

Der Aufbau der Speicher in der beschriebenen Form ermöglicht es, zu jedem Zeitpunkt des Verfahrensablaufs sämtliche anfallenden Beobachtungen verfügbar zu haben. Die Speicher sind mit den Rechengeräten verbunden,

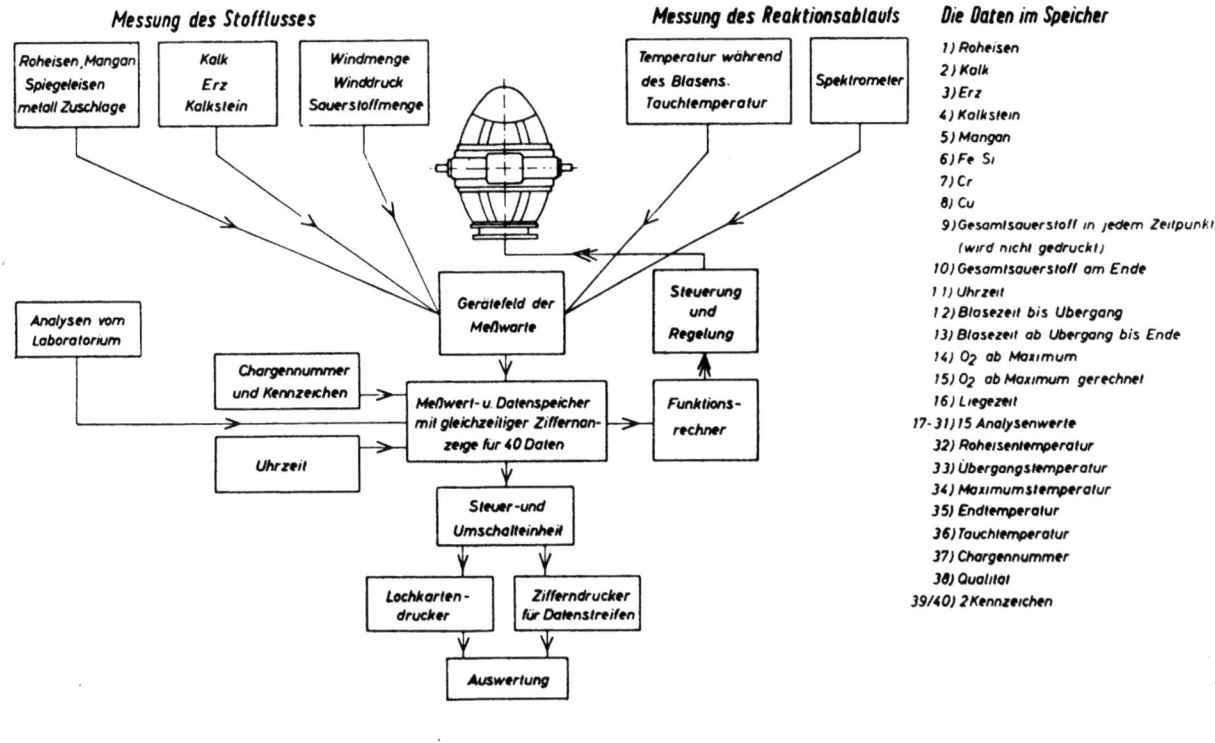

Abbildung 20

Schema der automatischen Verfahrenskontrolle

die zum Zweck der Schmelzführung die gespeicherten "Informationen", auf Grund vorgegebener Funktionen, miteinander verknüpfen und die Steuer- und Regeleinrichtungen beeinflussen.

Nachdem alle beim Ablauf des Verfahrens anfallenden Beobachtungen im Speicher erfaßt worden sind, wird ein Impuls auf den angeschlossenen Drücker gegeben, der dann - der Reihe nach durch die Umschalteinheit gesteuert - die Kontaktstellungen der Speichereinheit und damit die gespeicherten Zahlenwerte der "Informationen" abtastet und in Ziffern auf einen ablaufenden Papierstreifen druckt. Parallel angeschlossen ist ein Lochkartendrucker, der die gespeicherten "Informationen" außerdem auf Lochkarten oder Lochstreifen festhält.

Durch den Einsatz elektrischer Speicher als zentrale Einheit des Datenerfassungssystems ist die Anlage sehr beweglich und kann den verschiedenen Erfordernissen des Betriebes und der Auswertung angepaßt werden. So kann z.B. die Summierung von Stoffflußgrößen in einfacher Weise durchgeführt werden. Es ist auch möglich, die gespeicherten "Informationen" über längere Übertragungswege zu einer zentralen Auswertestelle des Hüttenwerkes zu leiten, wo mit Hilfe neuzeitlicher Großrechenautomaten

[49,50], die verschiedensten wirtschaftlichen, technischen und auch wissenschaftlichen Aufgaben gelöst werden können.

Die Investitions- und Betriebskosten der beschriebenen automatischen Überwachungsanlage, nach Abbildung 20, lassen sich auf Grund der vorhandenen Unterlagen größenordnungsmäßig abschätzen. In Tabelle 7 sind die Ergebnisse einer derartigen Abschätzung den Kosten eines Überwachungsverfahrens nach Abbildung 1 gegenübergestellt worden. Danach muß bei der automatischen Überwachung etwa mit Kosten von -,75 DM/t Stahl für 50-t-Schmelzen bis 1,80 DM/t Stahl für 20-t-Schmelzen gerechnet werden. Im Vergleich dazu ergibt die Schätzung der Kosten des in Abbildung 1 gekennzeichneten Überwachungsverfahrens Beträge von -,40 DM/t Stahl für 50-t-Schmelzen bis 1,- DM/t Stahl für 20-t-Schmelzen, so daß der tatsächliche Mehraufwand für die Automatisierung der Überwachung auf -,35 DM/t Stahl bis -,80 DM/t Stahl geschätzt werden kann. Diese Schätzung gilt für ein Thomasstahlwerk mit 5 Konvertern. Bei 4 Konvertern werden etwas höhere Kosten anfallen, dagegen bei 6 Konvertern etwas niedrigere, da die Anzahl der zur Überwachung erforderlichen Menschen praktisch in allen drei Fällen gleich ist und außerdem die Höhe der anteiligen Kosten für solche Überwachungseinrichtungen, die nur in ein oder zwei Einheiten im Betrieb eingebaut werden, z.B. Roheisenwaage, Waagen für Desoxydation- und Legierungszusätze, Funktionsrechner usw. von der Anzahl der Konverter abhängt.

Dem Mehraufwand für die automatische Überwachung des Thomasverfahrens stehen die bereits ausführlich behandelten Vorteile derartiger Überwachungsverfahren gegenüber. Eine Abschätzung dieser Vorteile in DM/t Stahl ist vorläufig nicht möglich. Es kann aber auf Grund der Erfahrungen mit der meßtechnischen Bestimmung des Blasendes erwartet werden, daß der geschätzte Mehraufwand allein durch die Vermeidung überblasener und zu heißer Schmelzen (Fe-Gehalt der Schlacke!) sowie zu kalter Schmelzen (Pfannenbären, Gießverluste!) kostenmäßig mehr als aufgewogen wird.

Tabelle 7

Schätzung der Investitions- und Betriebskosten des automatischen Überwachungsverfahrens (A) nach Abbildung 22 sowie des Überwachungsverfahrens (B) nach Abbildung 1

Anlagekosten in DM/Konv.			Betriebskosten in DM/Konv. und Jahr			Überwachungspersonal		
Verfahren	A	B	Verfahren	A	B	Verfahren	A	B
Kontinuierliche optische Temp.-Messung	30.000		Kapitaldienst	80.000	7.000	Blasemeister	3	3
Spektralmessung d. Konverterflamme	25.000		Löhne[2])	45.000	100.000	Res. Blasemeister	3	3
Waage für Kalk, Kalkstein, Erz	20.000		Energie, Kühlwasser usw.	35.000	1.000	Steuermann [4])	(9)	(9)
Waage für Schrott	20.000		I.- und R-Kosten	40.000	2.000	Probeträger	–	3
Waage für Roheisen	[1]) 15.000	[1]) 15.000	Betriebsstoffe und Reserveteile	20.000	10.000	Schmied	–	3
Waagen für Desoxydations- und Legierungszusätze	[1]) 5.000	[1]) 5.000	Gesamt:	220.000	120.000	Wieger	–	6
Mengenmeßgeräte für Wind, Sauerstoff usw. Druckmeßgeräte	15.000	10.000	Betriebskosten in DM/t[3]) Stahl			Stoffwärter	–	3
Tauchtemperaturmessung	[1]) 5.000	[1]) 5.000	Verfahren	A	B	Meßwärter	[6]) 10	[5]) 7
Meßwertwandler	50.000		20 t Schmelzen	1,80	1,00	Analysenschreiber	–	3
Meßwertspeicher	60.000		30 t Schmelzen	1,20	0,65	Auswertung: Gütekontrolle	–	2
Funktionsrechner	[1]) 20.000		40 t Schmelzen	0,90	0,50	Auswertung: Stoffluß	–	2
Zifferndrucker, Lochkartendrucker, Steuereinheit z. Umschaltung der Drucker	50.000		50 t Schmelzen	0,75	0,40	Gesamt:	16	35
Steuer- und Regeleinrichtungen	50.000		1. Anteilige Kosten je Konverter. 2. (s. Überwachungspersonal). 3. Berechnet für einen Betrieb mit 5 Konvertern und 6000 Schmelzen/Konverter und Jahr. 4. Gehört beim Verfahren (B) zum Überwachungspersonal. 5. Für Tauchtemperaturmessung und Wartung. 6. Für Leitstand und Wartung, Tauchtemperaturmessung nur fallweise zur Kontrolle.					
Unvorgesehenes	35.000							
Gesamt:	400.000	35.000						

6. Zusammenfassung

Es werden Untersuchungen über den Ablauf des Blasvorganges in der Phosphorperiode beschrieben und die Ergebnisse einer mathematisch-statistischen Auswertung der Versuchsdaten zur mathematischen Abschätzung der erreichbaren Genauigkeit der meßtechnischen Bestimmung des Blasendes mitgeteilt. Außerdem werden die Voraussetzungen für eine automatische Überwachung des Thomasverfahrens geprüft.

Zur Ermittlung der Versuchsdaten wurden aus dem blasenden Konverter in der Phosphorperiode, in sehr kurzen Zeitabständen, Proben entnommen und die Gewichte der Einsatz- und Zuschlagstoffe bestimmt sowie die Mengen der Frischluft gemessen. Weiter wurden die vom Max-Planck-Institut für Eisenforschung in Düsseldorf und der Dortmund-Hoerder Hüttenunion AG., Werk Dortmund, entwickelten Geräte zur kontinuierlichen Messung der Flammenstrahlung und der Temperatur der Schmelzen zur Gewinnung von Beobachtungswerten über den Reaktionsablauf beim Blasvorgang eingesetzt.

Die Untersuchungen haben ergeben, daß bei der Bestimmung des Phosphors in den Vorproben bei Gehalten um 0,040% P die durch den Versuchsfehler bei der Probenahme und Analyse gegebene Zufallsstreuung unter betrieblichen Bedingungen $\pm$ 0,006% P beträgt. Werden bei der meßtechnischen Bestimmung des Blasendes nur die Endtemperatur und Blasezeit ab Spektrometermaximum berücksichtigt, so ist die Streuung wesentlich größer und etwa gleich der Streuung der Endphosphorgehalte bei der allgemein üblichen subjektiven Endpunktbestimmung. Z.B. liegen dabei 20% aller Endphosphorgehalte über 0,060% P.

Die Auswertung der Versuchsdaten führte zu dem Ergebnis, daß eine Verbesserung der meßtechnischen Bestimmung des Blasendes bei den gegenwärtig vorhandenen meßtechnischen Möglichkeiten so weit durchführbar ist, daß nur noch 8% aller Endphosphorgehalte über 0,060% P liegen. Außerdem können die aus qualitativen Gründen jeweils erforderlichen Endtemperaturen wesentlich genauer eingestellt werden.

Für eine _genaue_ Bestimmung des Blasendes bei einem Sollgehalt an Phosphor in der Schmelze und einer Sollendtemperatur genügt es nicht, wie bisher vielfach angenommen wurde, einen kennzeichnenden Punkt des Reaktionsablaufs, z.B. das Maximum des zweiten Manganbuckels, zeitlich festzulegen und von diesem Zeitpunkt, z.B. dem Spektrometermaximum an, die noch erforderliche Blasezeit bzw. einzublasende Sauerstoffmenge zu berechnen. Es müssen zumindest noch der Phosphorgehalt und die Temperatur der Schmelzen in diesem kennzeichnenden Zeitpunkt bekannt sein, weiter die Gewichte der Einsatz- und Zuschlagstoffe sowie der Sauerstoffgehalt der gasförmigen bzw. festen Frischmittel.

Da das Gewinnen, Übertragen, Sammeln und Auswerten der Beobachtungen wegen der großen Anzahl von Einzelbeobachtungen nicht mehr von Menschen (Blasemeister, Steuermann, Stoffwärter, Wieger) mit der für das Thomasverfahren erforderlichen Schnelligkeit durchgeführt werden kann, ist es zweckmäßig, die Überwachung zu automatisieren. Dadurch werden subjektive Fehler bei der Durchführung der Überwachungsaufgaben vermieden und ein qualitativ und wirtschaftlich gleichmäßiges Ergebnis der Schmelzführung gewährleistet. Der Entwurf einer halbautomatischen sowie einer vollautomatischen Überwachungsanlage werden beschrieben.

Der Mehraufwand für das vollautomatische Überwachungsverfahren wird auf -,35 DM/t Stahl bis -,80 DM/t Stahl geschätzt. Auf Grund der bisherigen Erfahrungen mit der meßtechnischen Schmelzführung kann erwartet werden, daß bereits allein durch die Verminderung der Eisenverluste in der Schlacke und die bessere Einhaltung der Gießtemperaturen (Vermeidung von Gießfehlern) eine Kostensenkung erzielt wird, die mindestens so groß ist wie der genannte Mehraufwand.

Dr.-Ing. Karl Ernst MAYER
Dr.-Ing. Helmut KNÜPPEL
Ing. Arthur STUMPF
Prof.Dr.phil. Walter KOCH

Literaturverzeichnis

[1] OELSEN, W. und H.J. DÄRMANN — Das Verhalten des Stickstoffes in Thomasschmelzen vor dem Übergang bei verschiedener Kühlung
Stahl u. Eisen 73 (1953) S.338/46, (Stahlw.-Aussch. 521)

[2] MAYER, K.E. und H. KNÜPPEL — Entwicklungslinien des basischen Windfrischverfahrens in Deutschland
Stahl u. Eisen 74 (1954) S.1267/75, (Stahlw.-Aussch. 557)

[3] dies. — Beitrag zur Herstellung verbesserter Windfrischstähle im bodenblasenden Konverter
Rev. Univ. Mines 9, Sér. 9 (1953) Nr.8, S.571/96

[4] MÜLLER, F.C.G. — Die Entphosphorung des Eisens im basischen Konverter
Glasers Annalen 7 (1880) S.273 ff.

[5] HARTLEY, W.N. und H. RAMAGE — Beobachtung der Flammenspektren in verschiedenen Perioden des Frischens im basischen Konverter
J. Iron Steel Inst. 60 (1902) II S.197/233

[6] GLASER, L.C. — Die metallurgischen Vorgänge beim sauren und basischen Windfrischverfahren auf Grund spektralanalytischer Beobachtungen
Stahl u. Eisen 40 (1920) S.73/80, S.111/17, S.188/93

[7] NAESER, G. und H. KRÄCHTER — Überwachung des basischen Windfrischverfahrens durch Messung der Strahlung der Konverterflamme
Stahl u. Eisen 62 (1942) S.341/47, (Stahlw.-Aussch. 395)

[8] DELSA, A. — Kontrolle des Frischvorganges beim Thomaskonverter mit der Photozelle
Cent. Ass. Ing. Liège, Congrès (1947) S.147/55

[9] BRECKPOT, R. und B. JUCHNIEWICZ — Spektrale Überwachung des Thomasprozesses
Comptes Rendus G.A.M.S. 12 (1949) S.137/45

[10] NAESER, G. und W. PEPPERHOFF — Die Flammenstrahlung des basischen Konverters
Stahl u. Eisen 69 (1949) S.391/98

[11] GILLE, G. und
J. WILLEMS

Temperatur- und Flammenmessung beim
Windfrischverfahren
Stahl u. Eisen 69 (1949) S.759/62

[12] WILLEMS, J.,
G. GILLE und
H. HÖFGES

Beobachtungen zum Reaktionsablauf gegen
Ende des Frischens mit Hilfe von Temperatur- und Flammenmessung
Stahl u. Eisen 69 (1949) S.762/64

[13] COHEUR, P.,
L. MARBAIS und
J. DAUBERSY

Herstellung von Thomasmehl von hoher
Qualität
Revue Universelle des Mines 9. Sér.93
(1950), Nr.4, S.104/08

[14] GILDE, W. und
H. GRAF

Flammenmessungen am Thomaskonverter
Metall u. Gießereitechn. 1 (1951) S.5/7

[15] BRECKPOT, R.,
B. JUCHNIEWICZ und
C. de CLIPPELEIR

Spektrale Kontrolle des Thomasprozesses
Rev. Métall. 49 (1952) S.552/60

[16] DAUBERSY, J.

Überwachung des Konverterverfahrens mit
Hilfe der Flammenstrahlung. Blasen mit
Sauerstoff-Dampf-Gemischen
Revue Universelle des Mines 9. Sér.97
(1954), Nr.10, S.642/54.

[17] WEVER, F.,
W. KOCH,
H. HÖFERMANN,
B.A. STEINKOPF,
H. KNÜPPEL,
K.E. MAYER und
G. WIETHOFF

Die Überwachung und Steuerung des Thomasverfahrens durch Auswertung der
Temperaturstrahlung des Bades und des
Spektrums der Konverterflamme
Stahl u. Eisen 75 (1955) S.549/59,
(Mitt. Max-Planck-Institut für Eisenforschung, Abh. 631 u. Stahlw.-Aussch.
570).
Vgl. H. Höfermann, Diss.Universität
Bonn, 1953

[18] GALEY, J.

Eine Methode zum Abbrechen des Thomasverfahrens mit dem Opacimeter. Anwendung beim Blasen mit Sauerstoffanreicherung und Sauerstoff-Dampf-Gemischen
Centre Doc. Sidér, Circ. Inform. Techn.
(1955) S.1209/13

[19] GOMBERT, M.

Studie über die Ergebnisse mit dem
Opacimeter nach J. Galey
Circ. Inform. Techn. 12 (1955) S.2389/402

[20] STEINKOPF, B.A.

Untersuchung über Konverterrauch im
Hinblick auf die spektrale Überwachung
des Thomasprozesses
Diss. Universität Bonn, 1955

[21] LEROY, P.J.   Instrumentation in Stahlwerken. II.Das
                                    Thomasverfahren. (Neue Geräte zur Über-
                                    wachung des Thomasverfahrens)
                                    J. Iron Steel Inst. 183 (1956) S.54/63

[22] WEVER, F.,   Spektrographische Untersuchung der
     W. KOCH,   Konverterflamme beim Ablauf des Thomas-
     H. HÖFERMANN,   verfahrens
     H. KNÜPPEL,   Stahl u. Eisen 76 (1956) S.1032/40,
     K.E. MAYER und   (Mitt. Max-Planck-Institut für Eisen-
     G. WIETHOFF   forschung Abh. 677)

[23] BULLE, G.   Beurteilung der metallurgischen Pro-
                                    zesse beim Thomasverfahren nach den
                                    Flammengasen
                                    Stahl u. Eisen 44 (1924) S.9/14

[24] FRERICH, R.   Beurteilung des Ablaufes des Frisch-
                                    vorganges in der Thomasbirne während
                                    des Frischens mit Hilfe der Abgasanalyse
                                    Stahl u. Eisen 59 (1939) S.1138/43

[25] ders.   Die Abhängigkeit des Frischvorganges
                                    in der Thomasbirne vom Temperaturver-
                                    lauf
                                    Stahl u. Eisen 48 (1928) S. 1233/43

[26] NAESER, G. und   Optische Temperaturmessungen an leuch-
     W. PEPPERHOFF   tenden Flammen
                                    Arch. Eisenhüttenwesen 22 (1951) S.9/14

[27] GALEY, J.,   Signal zum Abbrechen des Blasens im
     P. LEROY und   Thomasverfahren. Messen und Aufzeich-
     M. DENIS   nen der wahren Flammentemperaturen im
                                    Konverter
                                    Rev. Métallurg. Mém. 51 (1954 S.795/809

[28] GALEY, J. und   Bestimmung des Endpunktes beim Blasen
     P. LEROY   im Thomaskonverter
                                    Iron Coal Trades Rev.169 (1954) S.991/93

[29] NAESER, G. und   Verfahren zur Ermittlung der Schmelz-
     W. PEPPERHOFF   temperatur im blasenden Konverter
                                    Stahl u. Eisen 70 (1950) S.22/24
                                    (Stahlw.-Aussch. 453)

[30] RABAUD   Messung der Badtemperatur oberhalb des
                                    Bodens
                                    Circ. Inform. Techn. (1952) Nr.12,
                                    S.1734/36

[31] TRENTINI, B.,   Anwendung der fortlaufenden Badtempera-
     P. LEROY und   turmessung beim Thomasverfahren
     M. GOMBERT   Doc.métallurg.(1956) Sonder-Nr.Sa 1,S.62/87

[32] NAESER, G., W. PEPPERHOFF und H. RIEDEL — Beobachtungen durch die Bodendüsen eines blasenden Konverters. Einfluß örtlich hoher Temperaturen auf die chemischen Vorgänge
Stahl u. Eisen 75 (1955) S.1244/51, (Stahlw.-Aussch. 576)

[33] TRENTINI, B. — Kennzeichnender Verlauf der Temperaturkurven gegen Ende der Entphosphorung bei Thomasstahl
Circ. Inform. Techn. 12 (1955) Nr.12, S.2379/87; vgl. Stahl u. Eisen 77 (1957) S.224/25

[34] KNÜPPEL, H., K.E. MAYER, G. WIETHOFF, K. DOFFIN und W. KOCH — Die Temperaturmessung im blasenden Thomaskonverter
Stahl u. Eisen 76 (1956) S.1410/16, (Mitt. Max-Planck-Institut für Eisenforschung Abh. 690 u. Stahlw.-Aussch.608)

[35] KALKHOF, W. und Th. HEYDEN — Betriebsüberwachung eines Thomaskonverters
Stahl u. Eisen 52 (1952) Nr. 26, S.637

[36] MALCOR, M. — Untersuchung über die Windführung in einem Thomaswerk mit Windmengenmesser
Rev. ind. miner. (1934) S.1139/41

[37] MIEHAUX, R., P. LEROY, F. MEYERS und F. RENARD — Studie des Frischvorganges im Thomaskonverter mit Hilfe von Mengenmessern
Rev. Métallurg. 46 (1949) S.779/96

[38] NEWBY, M.P. — Die Anwendung von Mengenmessern zur Kontrolle des Thomasprozesses
Iron Coal Trades Rev. 161 (1950) S.301/04

[39] MIEHAUX, R. und P. LEROY — Meßinstrument zum Messen von Wind im Konverter
Rev. Metallurg. Mém. 48 (1951) S.236/41; Iron Coal Trades Rev. 164 (1952) S.87/89

[40] SPEITH, K.G. und H. BÜCKEN — Die Ermittlung des Überganges und bestimmter Zeitpunkte vor dem Übergang beim Thomasverfahren
Stahl u. Eisen 72 (1952) S.934/35, (Stahlw.-Aussch. 507)

[41] MIEHAUX, R. und P. LEROY — Mengenmesser für den Gebrauch im Thomaskonverter, die mit sauerstoffangereicherter Luft arbeiten
Rev. Métallurg. Mém. 50 (1953) S.215/28

[42] LEROY, P. und M. GOMBERT

Beobachtungen in Moyeuvre, Anwendung eines Windmengenmessers, der auf Grund von Modellversuchen entwickelt wurde
Circ. Inform. Techn. (1953) S.521/42

[43] KLÄRDING, J.

Geräuschmessungen zur Überwachung und Führung des Blasvorganges beim Windfrischverfahren
Metall 9 (1955) S.780/83

[44] KLÄRDING, J. und H. ROHR

Verfahren zur Bestimmung des Endpunktes beim Thomasverfahren
Rev. Metallurg. Mém. 53 (1956) S.81/91

[45] LINDNER, A.

Statistische Methoden für Naturwissenschaftler, Mediziner und Ingenieure
Basel, Birkhäuser Verlag (1951) 12.Aufl.

[46] SCHLACKMANN, H. und W. KRINGS

Über Gleichgewichte zwischen Metallen und Schlacken im Schmelzfluß
Z. anorg. allg. Chemie 213 (1953) S.161/79

[47] FISCHER W.A. und H. vom ENDE

Die Verteilung des Phosphors zwischen Eisenschmelzen und kalkgesättigten Schlacken für Temperaturen von 1530-1700°
Stahl u. Eisen 72 (1952) S.1398/1408
(Mitt. Max-Planck-Institut für Eisenforschung Abh. 567 u. Stahlw.-Aussch.511)

[48] TRÖMEL, G. und W. OELSEN

Die Grenzen der Entphosphorung des Eisens mit Kalk
Arch. Eisenhüttenwesen 26 (1955) S.497/506

[49] BALKE, S.

Automatisierung als Hilfsmittel der wissenschaftlichen Betriebsführung
Sonderdruck zum hundertjährigen Bestehen des Werkes Köln-Bayenthal der Pintsch-Bamag AG.(1956)

[50] WARTMANN, R.

Die Bedeutung der neuzeitlichen Großrechenmaschinen für die Lösung wissenschaftlicher, technischer und wirtschaftlicher Aufgaben
Stahl u. Eisen 77 (1957) S.734/39
(Betr.-Wirtsch.-Aussch. 280)

FORSCHUNGSBERICHTE
DES LANDES NORDRHEIN-WESTFALEN

Herausgegeben durch das Kultusministerium

EISENVERARBEITENDE INDUSTRIE

HEFT 39
Forschungsgesellschaft Blechverarbeitung e. V., Düsseldorf
Untersuchungen an prägegemusterten und vorgelochten Blechen
1953, 46 Seiten, 34 Abb., DM 9,50

HEFT 43
Forschungsgesellschaft Blechverarbeitung e. V., Düsseldorf
Forschungsergebnisse über das Beizen von Blechen
1953, 48 Seiten, 38 Abb., 3 Tabellen, DM 11,30

HEFT 51
Verein zur Förderung von Forschungs- und Entwicklungsarbeiten in der Werkzeugindustrie e. V., Remscheid
Untersuchungen an Kreissägeblättern für Holz, Fehler- und Spannungsprüfverfahren
1953, 50 Seiten, 23 Abb., DM 10,—

HEFT 56
Forschungsgesellschaft Blechverarbeitung e. V., Düsseldorf
Untersuchungen über einige Probleme der Behandlung von Blechoberflächen
1954, 52 Seiten, 42 Abb., DM 11,20

HEFT 60
Forschungsgesellschaft Blechverarbeitung e. V., Düsseldorf
Untersuchungen über das Spritzlackieren im elektrostatischen Hochspannungsfeld
1954, 82 Seiten, 53 Abb., 7 Tabellen, DM 17,—

HEFT 61
Verein zur Förderung von Forschungs- und Entwicklungsarbeiten in der Werkzeugindustrie e. V., Remscheid
Schwingungs- und Arbeitsverhalten von Kreissägeblättern für Holz
1954, 54 Seiten, 31 Abb., DM 11,40

HEFT 65
Fachverband Schneidwarenindustrie, Solingen
Untersuchungen über das elektrolytische Polieren von Tafelmesserklingen aus rostfreiem Stahl
1954, 90 Seiten, 38 Abb., 9 Tabellen, DM 17,35

HEFT 87
Gemeinschaftsausschuß Verzinken, Düsseldorf
Untersuchungen über Güte von Verzinkungen
1954, 68 Seiten, 56 Abb., 3 Tabellen, DM 15,30

HEFT 98
Fachverband Gesenkschmieden, Hagen
Die Arbeitsgenauigkeit beim Gesenkschmieden unter Hämmern
1955, 132 Seiten, 55 Abb., 9 Tabellen, DM 24,75

HEFT 116
Prof. Dr.-Ing. E. Siebel und Dr.-Ing. H. Weiss, Stuttgart
Untersuchungen an einigen Problemen des Tiefziehens — I. Teil
1955, 74 Seiten, 50 Abb., 6 Tabellen, DM 14,50

HEFT 117
Dr.-Ing. H. Beißwänger, Stuttgart und Dr.-Ing. S. Schwandt, Trier
Untersuchungen an einigen Problemen des Tiefziehens — II. Teil
1955, 92 Seiten, 34 Abb., 8 Tabellen, DM 17,70

HEFT 150
Prof. Dr.-Ing. O. Kienzle und Dipl.-Ing. F. W. Timmerbeil, Hannover
Das Durchziehen enger Kragen an ebenen Fein- und Mittelblechen
1955, 52 Seiten, 20 Abb., 8 Tabellen, DM 11,30

HEFT 177
Dipl.-Ing. H. Stüdemann, Solingen und Dr.-Ing. W. Müchler, Essen
Entwicklung eines Verfahrens zur zahlenmäßigen Bestimmung der Schneideigenschaften von Messerklingen
1956, 104 Seiten, 68 Abb., 4 Tabellen, DM 22,20

HEFT 224
Dipl.-Ing. H. Stüdemann und Ing. R. Beu, Solingen
Verfahren zur Prüfung der Korrosionsbeständigkeit von Messerklingen aus rostfreiem Stahl
1956, 82 Seiten, 28 Abb., DM 16,90

HEFT 225
Dr.-Ing. E. Barz, Remscheid
Der Spannungszustand von Gattersägeblättern
1956, 74 Seiten, 54 Abb., DM 16,50

HEFT 277
Dr.-Ing. W. Müchler, Essen
Untersuchung und zahlenmäßige Bestimmung der Schneideigenschaften von Messern mit besonderer Berücksichtigung rostfreier Messerstähle
1956, 60 Seiten, 27 Abb., 5 Tabellen, DM 13,20

HEFT 283
Prof. Dr. F. Wever und Dr.-Ing. W. Lueg, Düsseldorf
Warmstauchversuche zur Ermittlung der Formänderungsfestigkeit von Gesenkschmiede-Stählen
1956, 44 Seiten, 19 Abb., DM 9,90

HEFT 285
Prof. Dr.-Ing. O. Kienzle, Dr.-Ing. K. Lange, Hannover und Dipl.-Ing. H. Meinert, Osterode
Einfluß der Oberfläche auf das Verschleißverhalten von Schmiedegesenken
1956, 62 Seiten, 29 Abb., 8 Tabellen, DM 14,60

HEFT 286
Dr.-Ing. K. Lange, Hannover, Dipl.-Ing. H. Meinert, Osterode, unter Mitarbeit von Dr.-Ing. H. Arend, Mülheim (Ruhr)
Verschleißverhalten hartverchromter Schmiedegesenke
1956, 74 Seiten, 53 Abb., 6 Tabellen, DM 17,65

HEFT 321
Prof. Dr. F. Wever, Düsseldorf und Dr.rer. W. Wepner, Köln
Gleichzeitige Bestimmung kleiner Kohlenstoff- und Stickstoffgehalte im α-Eisen durch Dämpfungsmessung
1956, 30 Seiten, 3 Abb., 4 Tabellen, DM 6,80

HEFT 322
Prof. Dr.-Ing. F. Bollenrath und Dipl.-Ing. W. Domke, Aachen
Eigenspannungen in vergüteten, dickwandigen Stahlzylindern nach Oberflächenhärtung mit induktiver Erwärmung
1956, 30 Seiten, 9 Abb., 2 Tabellen, DM 6,90

HEFT 360
Dr.-Ing. E. Barz, Remscheid
Fertigungsverfahren und Spannungsverlauf bei Kreissägeblättern für Holz
1957, 68 Seiten, 40 Abb., DM 17,—

HEFT 367
Dr. rer. nat. D. Horstmann, Düsseldorf
Der Angriff eisengesättigter Zinkschmelzen auf kohlenstoff-, schwefel- und phosphorhaltiges Eisen
1957, 52 Seiten, 22 Abb., 6 Tabellen, DM 12,85

HEFT 375
Technischer Überwachungsverein e. V., Essen
Wanddickenmessungen mittels radioaktiver Strahlen und Zählrohrgerät
1958, 38 Seiten, 15 Abb., DM 9,55

HEFT 376
Technischer Überwachungsverein e. V., Essen
Wasserumlaufprobleme an Hochdruckkesseln
1958, 140 Seiten, 56 Abb., 8 Tabellen, DM 32,60

HEFT 377
Technischer Überwachungsverein e. V., Essen
Versuche an Wanderrostkesseln mit befeuchteter Verbrennungsluft
1958, 36 Seiten, 19 Abb., 2 Tabellen, DM 12,20

HEFT 395
Dipl.-Ing. L. Hahn, Clausthal-Zellerfeld
Untersuchungen zur Frage des optimalen Bohrloch- und Patronendurchmessers
1957, 132 Seiten, 49 Abb., 19 Tabellen, DM 31,25

HEFT 445
Dr.-Ing. E. Barz, Remscheid
Fertigungs- und Prüfverfahren für Feilen
vergriffen

HEFT 447
Prof. Dr.-Ing. F. Bollenrath, Aachen, Dr.-Ing. H. Füllenbach, Seesen/Harz und Dipl.-Ing. J. Schumacher, Neubeckum/Westf.
Entwicklung rationell arbeitender Spritzkabinen
1958, 44 Seiten, 26 Abb., DM 13,55

HEFT 473
Prof. Dr. phil. F. Wever, Dr.-Ing. W. Lueg und Dipl.-Ing. P. Funke jr., Düsseldorf
Versuche an einer hydraulischen 25 t-Stangenziehbank
1957, 34 Seiten, 11 Abb., DM 8,95

HEFT 557
Dr.-Ing. H. Schiffers, Dipl.-Ing. D. Ammann, Dipl.-Ing. E. Brugger und Dipl.-Ing. R. Dicke, Aachen
Härtbarkeit von Gußeisen mit Lamellen- und Kugelgraphit in Abhängigkeit von Zusammensetzung und Gefüge
1958, 30 Seiten, 24 Abb., 1 Tabelle, DM 11,—

HEFT 630
Prof. Dr. phil. W. Koch und Dr. techn. Dipl.-Ing. H. Malissa, Düsseldorf
Beiträge zur Spurenanalyse im Reineisen
in Vorbereitung

HEFT 639
Prof. Dr.-Ing. habil. K. Krekeler, Dr.-Ing. H. Peukert und Dipl.-Ing. O. Schwarz, Aachen
Auswertung der in- und ausländischen Literatur auf dem Gebiete des Metallklebens
1958, 166 Seiten, DM 37,80

HEFT 655
Dr. rer. pol. A. Th. Wuppermann, Prof. Dr.-Ing. M. Pfender Reg.-Rat Dipl.-Ing. E. Amedick im Auftrage des Vereins Deutscher Eisenhüttenleute, Düsseldorf
Untersuchung des Einflusses von Oberflächenfehlern auf die Dauerhaltbarkeit von Kurbelwellen

HEFT 680
Prof. Dr. phil. W. Koch, Dr.-Ing. A. Krisch, Düsseldorf
Änderungen im Gefügeaufbau austenitischer Chrom-Nickel-Stähle bei Zeitstandversuchen von mehrjähriger Dauer
in Vorbereitung

HEFT 681
Prof. Dr.-Ing. H. Schenck, Dr.-Ing. W. Wenzel, Aachen
Die Reduktion von Eisenerzen im Elektro-Fließbett
in Vorbereitung

HEFT 693
Prof. Dr.-Ing. O. Kienzler, Düsseldorf
Einige Untersuchungen über das Schneiden von Blechen
in Vorbereitung

Ein Gesamtverzeichnis der Forschungsberichte, die folgende Gebiete umfassen, kann bei Bedarf vom Verlag angefordert werden:
Acetylen / Schweißtechnik – Arbeitspsychologie und -wissenschaft – Bau / Steine / Erden – Bergbau – Biologie – Chemie – Eisenverarbeitende Industrie – Elektrotechnik / Optik – Fahrzeugbau / Gasmotoren – Farbe / Papier / Photographie – Fertigung – Gaswirtschaft – Hüttenwesen / Werkstoffkunde – Luftfahrt / Flugwissenschaften – Maschinenbau – Medizin / Pharmakologie / Physiologie – NE-Metalle – Physik – Schall / Ultraschall – Schiffahrt – Textiltechnik / Faserforschung / Wäschereiforschung – Turbinen – Verkehr – Wirtschaftswissenschaften.

If you have any concerns about our products,
you can contact us on
ProductSafety@springernature.com

In case Publisher is established outside the EU,
the EU authorized representative is:
**Springer Nature Customer Service Center GmbH
Europaplatz 3, 69115 Heidelberg, Germany**

Printed by Libri Plureos GmbH
in Hamburg, Germany